孩子爱吃的妈妈菜

对孩子的饮食习惯
没有人比妈妈更有影响力
用普通食材做孩子爱吃的菜
用食物的味道传递
细致的爱意

任芸丽◎著

中信出版集团 · 北京

图书在版编目（CIP）数据

孩子爱吃的妈妈菜 / 任芸丽著. -- 北京：中信出
版社，2018.9
ISBN 978-7-5086-8982-1

Ⅰ.①孩… Ⅱ.①任… Ⅲ.①食谱 Ⅳ.
①TS972.12

中国版本图书馆CIP数据核字 (2018) 第 104832 号

孩子爱吃的妈妈菜

作　　者：任芸丽
策划推广：中信出版社
出版发行：中信出版集团股份有限公司
　　　　　（北京市朝阳区惠新东街甲 4 号富盛大厦 2 座　邮编　100029 ）
承 印 者：鸿博昊天科技有限公司

开　　本：889mm×1194mm　1/24
印　　张：$9\frac{1}{6}$　　　　　字　　数：260 千字
版　　次：2018 年 9 月第 1 版　　印　　次：2018 年 9 月第 1 次印刷
广告经营许可证：京朝工商广字第 8087 号
书　　号：ISBN 978-7-5086-8982-1
定　　价：45.00 元

序

孩子爱吃的妈妈菜

　　这些年来做美食杂志、出书、编菜谱，"妈妈的味道"是一个常被提及的概念。在餐饮界也如此，"妈妈的菜""外婆的菜""家的味道""童年滋味"等，其实都是同样概念的不同表达。当我为这本书写下《孩子爱吃的妈妈菜》这个题目时，其实是想对这一概念做个梳理。或者至少，可以对自己身为人母以后，为家中的男孩——我的挚爱——做饭这件事进行回顾。经历过孩子成长的所有瞬间的每一位妈妈都会懂得，一粥一饭将孩子喂大这件事，既平凡得像鸡毛蒜皮，又伟大得可以上升到任何生命层面。孩子——妈妈——饭菜，这三位一体的关系，究竟谁影响了谁？谁成就了谁？我很想知道，你是否也一样？

　　从某种角度说，是妈妈塑造了孩子的口味，但这个过程并不轻松。像我不太喜欢油腻和荤腥，虽然不是素食者，但做菜一直以清淡为主。每当做素菜的时候，总是兴味盎然，就连切几棵绿油油的芥蓝，洗几根水灵灵的芦笋，内心都会由衷地充满喜悦。后来我做"素味乐生活"的微信公众号和微博，也做得津津有味。这份喜爱是由衷的，从未刻意。我家的小男孩儿不知是不是被我影响，从很小的时候就显露出不爱荤腥的特点：我不喜欢油烟，他不喜欢菜里油大；我口味清淡，他是佐料稍重就不吃了；我不喜欢奶酪、黄油，他的早餐面包上只接受花生酱；我从小鸡蛋吃伤，他旗帜鲜明地拒绝鸡蛋……从口味的角度看，黄瓜、青笋、土豆都是他吃不够的食物，任何水果他都毫不挑剔地塞进嘴里。爱喝汤，而且一定是原味清汤，不放鸡精味精。这些都非常像我。

　　刚开始我自然也会忧虑，他有那么多不吃的东西，营养如何能均衡？从小他就头大、消瘦，像棵会说贴心话也会发脾气的豆芽菜。我也曾希望他多吃东西，吃更多的种类，带他尝试各种肉菜，但是他坚定的拒绝让我放弃了努力。外面的荤菜他是绝对不吃的，妈妈做的红烧排骨，还可以吃两小块。这让我聊以自慰，"妈妈的味道"毕竟还稍占上风。我和我的小男孩儿在一起过家家似的做饭、吃饭，我在光线暖黄的餐桌前温柔劝慰："再吃一块吧，小小一块好吧……"看他半推半就地放进口中，表情复杂地咀嚼。我知道他纯粹是因为对妈妈的爱才忍耐不喜欢的肉味，我应该欣慰呢，还是歉疚呢？而且我深知如果让我自己吃，我也不那么情愿，那又何必希求孩子接受？于是终于有一天我放下诉求，做自己喜欢的素食，和孩子一起愉快地分享。我发现我们的口味、喜好如此相像，他是小一点儿的我，我是大一点儿的他。我们的三餐如此和谐融洽，我们的三观自然也更加契合。

这让我思考对孩子"挑食"该怎么理解。人类本是杂食动物，属于碰见什么吃什么的机会主义者，靠狩猎、采集成长壮大，族群遍布大地。而限于环境，每个族群的饮食结构都有自己的特色，几乎纯吃肉不吃素的族群有之，几乎只吃素没有肉食摄入的族群亦有之。随着文明的进步，贸易的发达，饮食文化融合发展到如今，早已你中有我，我中有你。但是以地域区分的饮食倾向区别依然非常鲜明。在同一文明中，家族传承式的饮食习惯每家每户各有特色，给每个人打上口味的烙印。文明的融合非常复杂，家庭的影响却脉络清晰。我发现后天的期许再强大，也大不过遗传的力量。宏观来看，人类生而荤素不忌；具体观察，个人往往口味倾向非常明显。个人、家族乃至城乡聚落对某种口味的坚持，融合到大范围的饮食结构里，才构成丰富多彩的美食拼图，成为文明的一环。

何况，饮食除了营养，除了碳水化合物、蛋白质、维生素这些硬指标，更重要的是关系的养成。"吃什么"总是提到明面上来的理由，其实"和谁吃"才是左右我们选择的暗因素。这就是为什么我们在外面吃饭，不管多牛的厨师做出多惊艳的菜品，也不能代替居家生活的小小一餐。成年人难忘小时候的味道，缘自孩子爱吃妈妈的菜。妈妈做的饭好在哪儿？在于可以全然放松地对待。我们吃这顿饭没有任何目，可指摘这顿饭没有任何理由，妈妈的菜春风化雨地被端上餐桌，我们随风潜入夜地将其融入记忆中。只有不经意记住的东西才能成为最深处的记忆之匙，偶尔开启思绪之门，连自己都感到惊讶。是啊，我们确实不应该把为孩子做的饭变成对孩子的成长担负的沉甸甸的责任。

我们对未来担忧得太多，对当下承担得太多。全程经历过孩子的成长后，我醒悟一切都该顺其自然（就算后知后觉也没关系呀）。大人自然地呈现，孩子自然地接受，人生的路很长，并不在于小时候多吃了几口营养指数高却快乐指数低的食物。我明白孩子是不懂什么"有好处、没好处"的，就像不懂什么物质、名利一样。他们的快乐依赖于成人给予时的分寸，我们不可以过分地满足，也不可过分地压抑，这些行为都会导致过分强烈的抗拒或索要。

于是我懂得，孩子爱吃妈妈的菜，是因为妈妈也爱吃这样的菜。爱是相互的，这不仅仅局限在男女关系，更指的是母子（母女）之情。爱不是"都为你好"，而是"当你爱时，我也喜爱"。感谢我的孩子，让我学习爱，学习感激。你自然而然地延续了我，我自然而然地塑造了你，而前方是你个人的宽广世界，我抓住了当下，所以再不会惧怕未来。

任芸丽

2018年2月

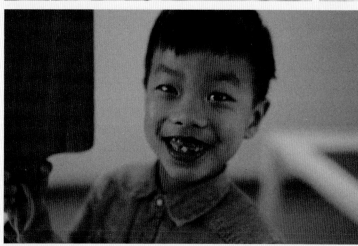

目录

营养食材，做孩子爱吃的菜

孩子百吃不厌的人气主食

自制零食
和饮料,
不让多余
添加剂近身

孩子百吃不厌的
人气主食

孩子爱吃的
主食

主食或许是有减肥需求的成人的敌人，但它却是成长中的孩子特别需要的，它能为孩子大脑、神经及性器官的发育提供必需的营养。主食位于孩子膳食金字塔的第一层，也是一天中应该摄取比例最大的一类，主食摄取量不够，会导致孩子血糖水平低，降低大脑的工作效率，大脑缺少能量，难免头晕、反应迟钝、记忆力下降，从而影响学习质量。有的家长认为，只要鸡、鸭、鱼、肉等富含营养的菜肴孩子吃够了，营养就够了，主食少吃点儿没关系，忽视了孩子对碳水化合物的需求。如果只吃鸡鸭鱼肉不吃主食，那么这些肉中的蛋白质就会被转化成热能消耗掉，长不到身上，而且大量代谢产物增加了肝肾的负担。时间长了就会影响孩子的消化功能，造成脾胃不和、消化不良，反而抑制了食欲。所以，让孩子合理健康地食用主食，是保证孩子健康成长的关键。

但主食内容的一成不变的确容易让孩子厌倦。怎样才能让自己做的主食获得孩子的青睐呢？那就是遵循"多一点点"的原则：多一点点颜色，多一点点味道，多一点点趣味。虽然不赞成把吃饭变成游戏，但是孩子终归是孩子，好玩好看味道独特都能瞬间俘获他们的心。可以在米饭里加入一些蔬菜丁、火腿丁或者玉米粒，或用烧排骨、红烧鱼汤拌饭，保证小朋友多吃两碗。也可用菠菜、紫甘蓝榨汁加在面粉、糯米粉里，制成彩色的面条、包子、饺子、汤圆，形状和色彩变化总能带给孩子不一样的体验。在中国，人们多从小以淀粉类食物为主食，米饭、馒头、包子、饺子、面条、大饼、年糕、窝头、米线、芸豆糕、疙瘩汤、糊塌子、莜面鱼鱼……主食的种类数不胜数，妈妈们可以多学几手，变着花样做给孩子吃。

相信每个人童年的记忆里都会有一些关于食物的美好回忆。在我的记忆里，至今留存着对芝麻酱糖饼的回味，加了红糖的芝麻酱是成功的关键。炸酱面也是伴着炎炎夏日和电风扇大西瓜一起储存下来的美好记忆，那炸酱的秘诀恰恰在于肉丁的肥瘦搭配和黄酱与甜面酱的配比。还有姥姥包的胖嘟嘟的大包子，刚出锅冒着热气，两只手不停地颠来倒去，一边尖着嘴吹气一边一小口一小口地咬着吃。现在想起来都觉得幸福无比。只要妈妈们多用点儿心，平常搭配有度，孩子们的营养摄入就能达到平衡，而他们对于食物的热情喜好可是关乎一生的，做一个经常能够满足的吃货比做一个仅仅事业成功的人士可是幸福得太多了。

姥姥包的胖嘟嘟的大包子，刚出锅冒着热气，两只手不停地颠来倒去，一边尖着嘴吹气一边一小口一小口地咬着吃。现在想起来都觉得幸福无比。

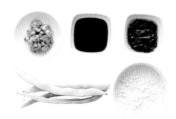

 **食材** 面粉 300g
千酵母 5g
扁豆 300g
猪肉末 200g

 辅料 大葱 1 根
姜 1 块·约 5g
五香粉 3g
料酒 1 勺（约 15ml）
生抽 1 勺（约 15ml）

老抽 1 勺（约 15ml）
芝麻香油半勺（约 7ml）
色拉油 1 勺（约 15ml）
盐小半勺（约 7g）

1

2

3

1 酵母加温水（有点温度但不烫手就好）化开。化开的酵母水一点点加入面粉中，面絮开始是雪花状，慢慢形成较硬的面疙瘩后，揉成一个大面团。

2 和好的面团放入容器中，容器口用保鲜膜盖上，放置在温暖的地方发酵。

3 发面的同时准备馅儿：猪肉末加入料酒、盐、生抽、老抽顺同一个方向搅打，感觉吃力之后加一点点水继续搅打，添入几次水之后，肉馅已经水嫩且有劲即可。

4 大葱、姜洗净并且切末。扁豆撕去老硬的筋，洗净，切成碎粒。

5 把葱姜末和扁豆碎粒与搅拌好的肉馅混合。再加入五香粉、芝麻香油和色拉油，仍顺原来的方向搅打均匀即可。馅儿和好之后可以放在冰箱里冷藏一下，利于馅儿里的水分和肉充分结合。

6 待面团发至两倍大小，取出面团开始揉面，至面团表面光滑，用刀切开面团后切口无气泡或者气泡很少就算是面揉好了。

7 将面团搓成长条，切成大小适宜的剂子。剂子用手压扁，擀成中间厚边缘薄的包子皮。

8 取一张包子皮，取适量肉馅放中间。旋转着将包子捏上褶，最后收口，一个生包子就做好了。包子全部包好后用一块干爽的屉布盖好进行二次醒发。

9 蒸锅中放入足够的水，醒发好的包子移入蒸锅，大火烧至蒸汽冒出后转中火继续蒸 20 分钟。关火后等一会儿再揭盖将包子取出。

芸丽这样做

❤ 包包子的面一定不能太软，否则醒发后会是一场"灾难"。包好的包子一定要进行二次醒发再蒸，因为擀皮的时候释放了一部分面团里的空气，继续醒发可以让包子发得更均匀饱满。包子蒸好后不要马上揭盖子，因为包子瞬间从热到冷会收缩。

豆角馅包子

北方出生的孩子，食谱里一定少不了包子，
面皮白嫩，馅料扎实入味，早餐搭配豆浆，
晚餐搭配清粥小菜，都能让孩子吃得舒服贴胃。

葱花饼

葱花饼是再家常不过的一款主食了，食材不外乎面粉、葱花、油，可是每家妈妈做出来的味道都不一样，那脆脆的饼皮和饱含葱油香的柔软的芯是小朋友的最爱。

食材 中筋面粉（或富强粉）300g

辅料 大葱 1 根
油 2 勺（约 30ml）
盐 1 撮（约 5g）

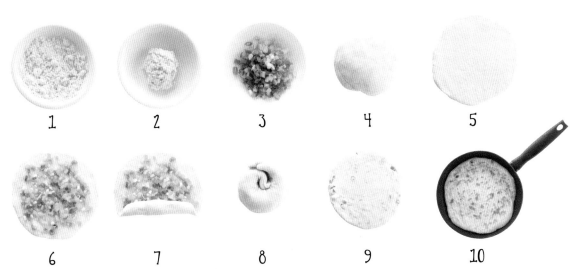

1　2　3　4　5

6　7　8　9　10

1 面粉加入适量开水和成面疙瘩。

2 等面疙瘩变凉，轻轻揉成面团，千万不要使劲揉，成团就好，不用到表面特别光滑的程度，盖上湿屉布醒置 10 分钟。

3 趁醒面的工夫把大葱择洗干净，切成葱花，切得尽量碎一些，这样擀的时候不容易破。

4 在面板上撒上薄薄一层面粉，把面团擀成面饼，抹上少许油、盐，再撒上葱花。

5 将饼皮从一侧卷起，卷好后向两端抻一抻。将卷好的饼皮卷从一头向内卷起成圆圈，尾部塞在面团下面，松弛 10 分钟。

6 将卷好的面饼轻轻按扁，用擀面杖擀薄。

7 用刷子在平底锅内刷薄薄一层油，把擀好的面饼放在锅里，盖好盖子小火烙（盖上盖子水分不容易流失），一面烙成金黄色后翻至另一面也烙成金黄色，中间有鼓起分层的时候即可。

芸丽这样做

♥ 面粉用开水和成烫面，和面的时候不要使劲揉，这样烙出的饼才软嫩。烙制葱花饼时火力不宜太大，以免烙煳！

 **食材** 面粉 200g
千酵母 5g
樱桃番茄 200g
马苏里拉奶酪 150g

辅料 大蒜末 10g
大番茄 1 个
洋葱末 1 勺
新鲜罗勒叶 1 枝
红酒 1 勺

 番茄酱 60g
橄榄油 20ml
盐适量

1 面粉、盐混合均匀，酵母加少量温水化开后加到面粉中，用适量水和成面团。面团放入容器中，容器口封上保鲜膜，放在温暖的地方发酵。

2 大番茄洗净剥去表皮切成小丁，新鲜罗勒叶切碎。

3 中火烧热锅中的油，放入洋葱末和 5g 大蒜末爆香，加入罗勒叶碎和切好的番茄丁翻炒均匀，调入红酒和番茄酱拌匀，最后加盐调味成比萨酱。

4 樱桃番茄对半切开，加入剩余的大蒜末、15ml 橄榄油、盐混合拌匀，放置 10 分钟入味。将 100g 马苏里拉奶酪切碎。

5 面团发酵完毕后，将其擀成面饼，再继续饧一会儿。

6 烤箱上下火预热至 200 摄氏度。将擀好的比萨面胚移入烤盘中，把调好的番茄酱料涂抹在面饼表面，边缘刷上剩余的橄榄油，不要涂酱料，将腌过的樱桃番茄撒在表面，撒上马苏里拉奶酪碎。

7 烤盘移入烤箱，烘烤 7-8 分钟即可。

芸丽这样做

♥ 这算是基础款的比萨，可以根据小朋友的口味加入香肠、肉片、蘑菇等食材。也可以一次多做出一些饼胚用保鲜袋装好放入冰箱冷冻室，吃的时候取出加馅料烤制，可以节省很多时间。

番茄奶酪比萨

比萨这种酸酸甜甜带点咸的食物，许多小朋友都会喜欢，而且制作起来又不费事，还可以将做好的饼胚冻在冰箱里，随时取用。

锅贴

露着馅儿的锅贴深受小朋友的喜爱，可能因为是油煎出来的，底部酥脆，面皮软韧，馅味又香。

食材 面粉 750g
猪肉末 300g
大白菜 400g

辅料 葱花 10g
姜末 5g
盐 1 小撮（约 3g）
料酒 1 勺（约 15ml）
酱油 1 勺（约 15ml）
芝麻香油 1 勺（约 15ml）
花椒水 1 勺（约 15ml）

1
2
3
4
5

1 面粉放入盆里，缓慢注入清水，同时另一只手不断地搅拌。注意水注入的速度要慢，千万不要一股脑儿地把水都倒进去。搅拌要均匀，不要让面粉结成块。搅拌均匀后用手和成面团。

2 面团放入容器中，容器口封上保鲜膜，放在温暖的地方发酵。

3 猪肉末放在碗里，倒入花椒水和料酒，顺一个方向不停搅打，直至感觉吃力。

4 把白菜剁成末，一边剁，一边撒少许盐，沥出白菜中多余的水分。

5 白菜末放在容器中，用纱布将白菜末团起，用手使劲地挤压，要使白菜末尽量地干。以防包锅贴时渗出汁来。之后将菜末放到肉末中，同时加入香油、葱花、姜末、盐及酱油调味。

6 用筷子按顺时针的方向搅拌，搅拌均匀即可，不要多搅，搅多了会出汤。

7 馅拌好后马上开始包制锅贴，把已经醒好的面切成几块，分别揉成两指宽的粗条，用刀切成大小相同的剂子，把切好的剂子在干面粉里滚滚，按成一个个小圆饼备用。用擀面棍把小圆饼擀成圆面皮。

8 用筷子挑起适量的馅料，放在面片的中间捏起两边，两端不要捏拢，包成锅贴。

9 平锅烧热底部抹油，码入锅贴加盖煎制。至底部煎硬，锅贴皮呈半透明状后，加入小半碗水，再次盖上锅盖，用水蒸汽将锅贴上部蒸熟即可。

芸丽这样做

♥ 最好老老实实买一块后臀尖，到家自己剁成肉馅，这样肥瘦可以自己控制。有的小朋友喜欢吃全肉馅，如全用肉馅，要注意往肉馅里"打"一点水。水要慢慢加，并边加边用筷子朝一个方向搅动。馅的瘦肉多，可多放些水；肥肉多，要少放水。然后再加调味料调味。

食材 方面包 4 片
鸡蛋 2 个

辅料 盐 2g
黄油 15g

1 鸡蛋放入水中煮熟，大约需 12 分钟。捞起立刻放入冷水中冷却。

2 剥去蛋壳，放入大碗中，用勺子压碎，加入盐，搅拌一下。

3 面包片一面涂上黄油，加入拌好的鸡蛋碎稍稍压实，然后切块。

芸丽这样做

♥ 也可以根据孩子的口味加一些新鲜的生菜或者西红柿等食材。

鸡蛋三明治

简简单单的三明治，是偷懒妈妈的绝招，三两下就做好了，同时能保证孩子基本的营养需要。

什锦炒饭

家里如果有隔夜饭，用来做炒饭最好不过，加点虾仁、鸡蛋、蔬菜，摇身一变就成了一碗营养丰富、孩子爱吃的什锦炒饭。

食材 白米饭 100g
鸡蛋 1 枚
虾仁 3 只
胡萝卜 20g
洋葱 20g
黄瓜 20g
芥蓝 20g

辅料 盐 1 茶匙
油 2 勺（约 30ml）
大葱 1 节（或香葱 2 根）

1　　　　　2　　　　　3　　　　　4

1 虾仁去虾线切小丁。胡萝卜、洋葱、黄瓜洗净切丁。芥蓝去掉叶子，梗也切成小丁。鸡蛋加一点盐在碗中打散。大葱或者香葱切成葱花。

2 大火烧热锅中的油至六成热，倒入蛋液，至蛋液凝固时快速用筷子划散成小块的蛋碎，盛出。

3 锅中重新加油烧热，下葱花爆香后下洋葱丁、胡萝卜丁和芥蓝丁翻炒出香味，加入虾仁，继续翻炒，炒至虾仁变色，倒入黄瓜丁翻炒均匀盛出。

4 炒锅内放入米饭，保持中火，不停翻炒并用锅铲将成块的米饭碾开、拨散。把炒好的蛋碎、洋葱丁、胡萝卜丁、芥蓝丁、虾仁重新倒回锅中一起炒，最后加入剩余的盐炒匀出锅。

芸丽这样做

❤ 炒饭最好用冰箱保存过的隔夜剩饭，这样的米饭表面水分已经收干，在加热过程中不会释放水分，可以令米饭口感更清爽。

孩子百吃不厌的人气主食　｜　15

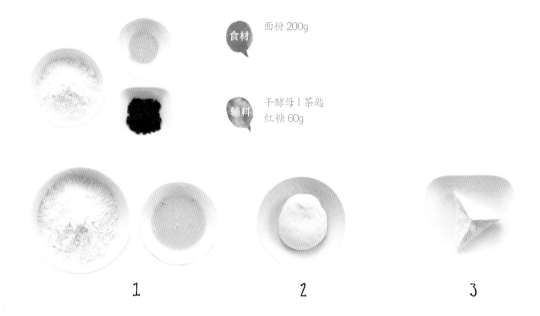

食材　面粉 200g

辅料　干酵母 1 茶匙
　　　红糖 60g

1　2　3

1 干酵母用少量温水化开，加入面粉中，再加入适量水和成光滑的面团。面团放入容器中，容器口用保鲜膜封好，放在温暖处发酵至两倍大。发酵好的面团内部呈均匀的蜂窝状。

2 案板上撒上薄薄一层面粉，取出面团，揉压使面团排气，再次揉匀后分成均匀的等份。盖上保鲜膜再次醒发 15 分钟左右。

3 取一份面团，擀成厚度约4毫米的圆面片，中间放上适量红糖，捏成三角状。接口要捏紧，边要捏深一点。否则蒸的时候轮廓就不明显了。

4 蒸锅内加入冷水，屉布浸湿后拧干，铺在蒸屉上，放上捏好的糖三角，每个糖三角之间要留出适当的空间，盖上锅盖继续醒发 15 分钟左右。

5 开大火蒸至蒸汽冒出后，转中火继续蒸 15 分钟即可。关火后不要马上揭开锅盖，等待 5-6 分钟再将糖三角取出放在盘中冷却。

芸丽这样做

♥ 擀面皮时不要擀得太薄，否则发不起来。有人喜欢在红糖里加一些炒过的面粉，这样蒸好后糖汁就不会那么稀了。还可以在红糖中加入芝麻，这样吃起来更香。

糖三角

小时候很爱吃糖三角，因为嘴急，经常被流出的糖汁烫到，即使如此，也抵挡不住我对糖三角的喜爱。

意大利肉酱面

筋道的面条配上酸甜的酱汁，也是我家小朋友的心头好，
隔三岔五地会点着让我做给他吃。

食材 意大利长面条 200g
中型西红柿 3 个
番茄酱罐头半罐
牛肉末 100g

辅料 大蒜 2 瓣
洋葱半个
新鲜迷迭香叶 1 枝
黑胡椒 2g
橄榄油 1 勺

千月桂叶 1 片
红酒 1 勺 (约 15ml)
盐 1 撮 (约 5g)

1

2

3

1 西红柿在顶端切十字口，放在滚水中烫一下，去皮，切成小粒。洋葱和蒜切碎粒。

2 锅中加橄榄油，将洋葱粒、新鲜迷迭香叶和大蒜粒一起小火加热，炒出香味，颜色变黄后加入牛肉末。

3 改大火调入红酒，放入西红柿粒，炒出汤汁后加入月桂叶。

4 所有材料煮滚后改小火，炖 20 分钟，偶尔用木勺搅动锅底，避免粘锅。

5 待锅中的汤汁收去一半时，放入番茄酱搅匀，炖至浓汁表面布满气泡，加入盐和黑胡椒即成调味酱。

6 煮锅中加入 3/4 的水，大火煮开，放入一点橄榄油和盐，将意大利长面条放入锅中，根据提示的时间煮至面条熟软。

7 煮好的面条倒入漏网中，沥干水分，盛在盘中，浇上调味酱即可。

芸丽这样做

♥ 意大利面有很多种，大家购买包装上标注"煮面"的就可以。肉酱熬煮的时间可以根据家人的口味调节，喜欢干一点儿的熬的时间可以长一点儿，喜欢稀一点儿的，熬的时间可以短一点儿。

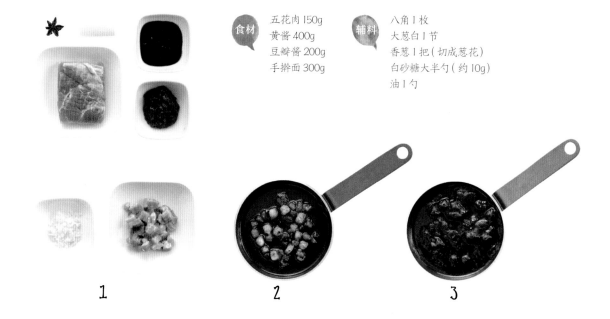

食材
五花肉 150g
黄酱 400g
豆瓣酱 200g
手擀面 300g

辅料
八角 1 枚
大葱白 1 节
香葱 1 把 (切成葱花)
白砂糖大半勺 (约 10g)
油 1 勺

1

2

3

1 大葱白纵向剖开，去掉葱心，先纵向切成宽 0.5cm 左右的条，再切成葱花。

2 五花肉去掉肉皮。去皮后的五花肉切成约 1cm 见方的小丁。边切边将肉丁中的瘦肉丁和肥肉丁分开，分别放在两个碗里。

3 黄酱倒入碗中加豆瓣酱搅匀。搅好的黄酱汤可以很轻松地从汤匙中倾泻而下，不粘连。

4 大火加热炒锅，锅热后倒入油，烧至五成热。先将肥肉丁放入锅中，反复煸炒，使肥肉丁略微收缩。然后再放入瘦肉丁，继续煸炒至所有肉丁变色且边缘微焦。

5 锅中加入葱花煸炒出香味。将调好的混合酱汤缓缓地倒入锅中翻炒均匀。大火烧开锅中的酱，让酱翻腾 1 分钟。

6 调小炉火，并加入白砂糖搅匀，使酱保持冒小泡熬煮的状态。将酱熬制成深棕色，并且体积浓缩，同时表面浮出大量的油时，撒入香葱花翻拌两下熄火。

7 大火烧开锅中的水，下入面条煮至浮起，加入半碗凉水，再次煮至浮起。重复两次，面条就煮熟了。

芸丽这样做

♥ 煮好的面沥干后直接盛入碗中，趁热拌上热腾腾的炸酱，再加上水灵灵的菜码儿，北京人称之为"锅挑儿"。也有人习惯将煮好的面在凉开水中过凉，然后再拌上炸酱和菜码儿，俗称"过水面"。面码儿使用的蔬菜因季节不同也略微不同，最常用的是大白菜、绿豆芽、芹菜、心里美萝卜、青豆、黄豆、黄瓜和青蒜。

炸酱面

酱一次的制作量不用很大，制成的炸酱应呈半凝固状，
表面有较多油脂，这样的酱拌面才好吃，才能抓住小朋友的胃。

芝麻酱糖饼

烙好的芝麻酱糖饼饼皮香脆，饼芯又甜又香又软，小朋友都抵御不了它的诱惑，不论是做主食还是零食，都是不错的选择。

 食材 面粉 400g
芝麻酱 100g
红糖 60g

 辅料 油 1 勺
盐 1 撮（约 5g）

1

2

3

1 面粉加入适量温水和成软一点的面团，放入容器中，容器口用保鲜膜封好，放在温暖的地方发酵。

2 芝麻酱中加入红糖、盐和油。顺一个方向搅拌至顺滑。

3 案板上撒上薄面，取出发酵好的面团，擀成一张大面片，把调好的芝麻酱料均匀地涂在面片上。

4 将面片从一边卷起，卷成棍状，两端捏住。

5 把卷好的面棍分成大小相同的剂子，剂子的开口处捏合，然后按扁，擀成圆饼状。

6 平底锅内刷上一层油，将擀好的圆饼放入锅中，盖上盖子，小火烙至酥脆（约 3 分钟），翻面，盖上盖子，将另一面也烙至酥脆即可。

芸丽这样做

❤ 面要和得软一些，这样烙出的饼口感才松软。酱料也要多放一些，饼才好吃。

营养食材，做孩子

爱吃的菜

孩子爱吃的
西红柿

　　家里的小朋友对西红柿产生兴趣，始于看到妈妈自己做番茄酱：把红红圆圆自己一直没法一口咬完美的大个儿西红柿煮熟，还煮成了烂泥，对他来说估计很能泄愤，而且当番茄酱做好，把炸好的薯条在里面滚一滚，蘸满酱再吃，哪怕吃一脸，妈妈的脸色都是愉悦的，妈妈高兴这件事对于他来说简直比天还大！之后小朋友发现红色的西红柿还可以请妈妈切成块后淋上蜂蜜吃，再后来淋蜂蜜的任务交到了他自己手中，于是责任感爆棚，进而开始行使无限量加蜂蜜的特权，每次到最后抱着大碗喝光番茄蜂蜜汁，那个时刻满足感真是无以复加了，让妈妈每看一次，幸福感指数都会提升数倍。

　　从此小朋友就爱上了西红柿，妈妈则忙于不停开发新做法。西红柿的做法可以很复杂，也可以很简单，可以当主菜，可以做配菜，有时做配菜配到最后连形状也没有，但是红红的颜色和酸甜的口味总能在不知不觉中让小朋友产生好感。国外有人说西红柿是爱情果，而作为妈妈和宝宝之间情绪联结的"亲子果"，西红柿也很称职。据说它能延缓衰老，让妈妈变得更漂亮，还能增加爸爸的雄健气魄，而且能让宝宝情绪开朗——这似乎是每个家庭求之不得的美好，但依靠西红柿，这么简单就实现了。

西红柿的营养

西红柿是常见的蔬果，味道酸甜可口，一般人都喜欢吃，特别是小孩子，生吃时加白糖，既生津止渴又能开胃和补充营养。西红柿还有一定的保健功效，孩子发热时多有口干、食欲缺乏等症状，这时候吃一些西红柿，不但可以补充水分，同时也可以补充由于生病流失的营养。同时，由于西红柿的水分多，对发热或者膀胱湿热所致的小便不利也有很好的利尿渗湿作用。西红柿内含有可转化为维生素 A 的类胡萝卜素，类胡萝卜素不仅可以帮助保持皮肤弹性、促进骨骼钙化、预防小童佝偻病、夜盲症和干眼症，还可以提高儿童的免疫力。但需要注意的是，如果宝宝有腹泻、胃寒等症状时不适合生吃西红柿。

西红柿挑选

其实，只要挑圆润没有斑驳色彩的就好，西红柿的品种非常多，但遵循这个规律一般都能找到不错的果实。西红柿可以粗分为大红番茄、梨形番茄和樱桃番茄，还有黄番茄和粉红番茄。大红番茄最适合做酱和做菜，应用最广；其他的品种更适合生食或腌制。我个人曾经一直对被称为圣女果的樱桃小西红柿持有偏见，总觉得那是人工栽培出来的基因突变品种。某次看了历史书，才知道，原来最早被人们接受的西红柿就是这么大的，大红番茄才是后来人们经过不断育种栽培出的，反观那小小的圣女果甚至还属于未经驯化的一支。生物科技太深奥，索性不追究啦！

哪怕吃一脸，妈妈的脸色都是愉悦的，妈妈高兴这件事对于他来说简直比天还大！

 **食材** 樱桃番茄 300g

 **辅料** 绵白糖 3 勺（约 50g）

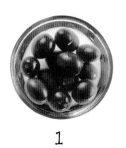

1

2

3

4

1 小番茄洗净，放入开水锅中氽 10 秒钟后捞出迅速放入冷水中。

2 把所有小番茄的皮都剥掉，放入大碗中，加入绵白糖拌匀用保鲜膜包好放入冰箱冷藏 2 小时即可。

芸丽这样做

♥ 如果小朋友接受还可以用九制话梅和白糖熬成汁来浸泡小番茄，这样除了甜味又有了话梅的味道。桂花糖浸泡同理。

♥ 北方的"稻香村"有成品桂花糖出售，南方每年中秋前可以自制桂花糖。

糖渍小番茄

到了夏天，餐桌上最受孩子欢迎的菜恐怕就是糖拌西红柿了，西红柿吃完了，还要抢着把甜蜜冰爽的汤汁舔干净。

西红柿炒鸡蛋

每个小朋友都喜欢西红柿炒蛋吧，
因为那酸酸甜甜的味道。用汤汁拌上米饭，
一不留神就吃了一大碗。

食材 中型西红柿2个
鸡蛋1个

辅料 香葱1根
白砂糖1勺（约15g）
盐1小撮（约3g）
油2勺（约30ml）

1

2

3

4

5

1 在西红柿顶端划一个十字口，放入滚水中氽半分钟，取出后就可以轻松剥去外皮了。

2 去皮的西红柿切块。香葱择洗干净切成葱花。鸡蛋在碗中打散。

3 炒锅烧热加入1汤匙油，待油烧至六成热时，倒入蛋液，轻轻转动锅，使蛋液均匀地铺在锅底，待蛋液凝固时用锅铲划散，盛出。

4 炒锅内加入剩下的1汤匙油，烧至六成热后放入葱花爆香，然后将备好的西红柿放入锅内，翻炒几下加入白糖，炒匀后盖上锅盖焖2-3分钟。

5 待西红柿的香气出来后，加入炒好的蛋碎，翻炒几下，加盐调味即可出锅。

芸丽这样做

♥ 要想这道菜的味道浓郁，就要多炒一会，把西红柿的香味和汤汁儿都逼出来，炒至西红柿呈糊状，包裹住鸡蛋，味道才能浑然一体。

食材 西红柿 2 个
猪里脊 150g

辅料 香葱 1 棵
料酒 1 勺 (约 15ml)
白胡椒粉 1 小撮 (约 3g)
干淀粉 1 茶匙 (约 3g)
番茄酱 1 勺 (约 15g)
盐 1 小撮 (约 3g)
油 2 勺 (约 30ml)

1   猪里脊肉垂直肌肉纹理切成约 0.3cm 厚的片，放入一个大碗中，加入料酒、盐、白胡椒粉和干淀粉抓拌均匀腌渍 20 分钟。西红柿洗净去皮，切成滚刀块备用。香葱切成葱花。

2   大火加热炒锅至冒烟，注入油并调成中火，油温三成热时放入肉片划散至变色，盛出备用。

3   炒锅中留底油，大火加热至四成热，放入一半分量的葱花煸香，先加入番茄酱炒至油呈红色，再加入西红柿块翻炒至出汁，最后加入炒过的肉片。

4   所有食材炒匀后，装盘撒入另一半葱花。

芸丽这样做

💗 如果小朋友也喜欢吃豆腐，可以用煎过的老豆腐替代这道菜中的里脊肉片。

💗 家中有鲜菠萝或奇异果的话，可以切成小块同西红柿一起放入菜中，增添鲜果香气，也能让肉片口感更鲜嫩。

西红柿炒肉片

西红柿炒肉片也是非常适合小朋友吃的菜，
嫩嫩的肉片裹上浓郁的西红柿汤汁，
既开胃又有营养。

孩子爱吃的
芥蓝

从前总觉得，炒菜就应该是端好架子，各种调料备齐，然后站在炉子边"大动干戈"，再盛盘端上桌才行。这个模式我自己也坚持了很多年，从没改变过，也从没想过要改变。近日姐姐给我展示了一条新的路。那天家里有熟食，只需炒两个菜，芥蓝和胡萝卜。我正准备大动作炒出两盘菜，姐姐说："咱们水煮吧！"于是烧好一锅水，里面放入一些黄油和盐，还有一点胡椒粉，把洗好的芥蓝和胡萝卜一股脑儿倒进去煮了5分钟，拿出来大家吃，人人都称赞味美，新鲜还低盐，孩子特别称赞姨妈做的更清爽，比妈妈每次费力勾芡做出的要爽口。我才发现，动动脑子，完全可以让自己偷懒的同时获得好评。特别是在夏天，这种做法祛暑又省事，吃的人和做的人都开心。后来，越来越多的食材我都喜欢用白灼了。而孩子最爱的芥蓝，他称为"大树"的美味，我更是研发出了更多吃法：白水煮过后蘸寿司酱油吃；白水煮过后，抹一点沙拉酱吃；用蚝油、黄酱拌入盐和糖的蘸酱也很受欢迎。看着我做过各种尝试之后，他自己也加入了探索芥蓝各种吃法的队伍，曾有一天看到他把芥蓝和梨一起煮，心下佩服之余，不禁感慨，我小时候要是这么做大概会被揍吧，现在的孩子有我们这些任其随性发展的父母在，可真是太幸运了。

芥蓝的营养

芥蓝吃起来爽而不硬、脆而不韧，有着深绿色蔬菜大都有的特质——维生素 A 和钙元素的含量高。维生素 A 对小朋友的视力发育非常好，而芥蓝中所含的钙质的吸收利用率很高，同时芥蓝还含有可以帮助小朋友增强免疫力的成分，这些对于小朋友的生长发育都十分有益。此外，芥蓝中有一种独特的苦味成分是奎宁，夏天适当给小朋友吃些芥蓝能起到消暑解热作用。中医认为，芥蓝具有止咳平喘、解毒利咽、顺气化痰等功效，小朋友要是遇到风热感冒、咽喉肿痛也可以适当吃些芥蓝调理。

烧好一锅水，里面放入一些黄油和盐，还有一点胡椒粉，把洗好的芥蓝和胡萝卜一股脑儿倒进去煮了 5 分钟，拿出来大家吃，人人都称赞味美。

芥蓝的保存

芥蓝、西蓝花都属于十字花科植物，这些抗癌明星植物，如果一次用不完，虽然放在保鲜袋里可以保存一周，但是最后往往因为开了黄色花朵，或叶片枯萎而被弃。我想自荐一下我家的西蓝花保存方法，大棵的西蓝花买回来就洗好，掰成小朵，直接焯水，放凉后分小袋包装，放入冰箱冷冻室。需要吃的时候，特别是在做牛排配菜的时候，只拿出几朵，再次焯水加热即可。这个方法对于家里人口少，在家吃饭次数少的家庭最为有效。而芥蓝最适合包在报纸中放入冰箱冷藏室保存，报纸最后会变得软塌塌的，而芥蓝甚是健康，有的在冰箱里还会继续生长呢！

白灼芥蓝

小朋友们似乎都爱吃不会塞牙的蔬菜，尤其吃起来脆脆的那种，比如芥蓝。新鲜的芥蓝，白灼一下孩子就很爱吃。

 食材　芥蓝 400g

 辅料　姜 1 小块（约 10g）
葱白 1 段（约 10g）
红彩椒 1 片（约 20g）
生抽 20ml
白砂糖 5g
油多半勺（约 10ml）
盐 1 撮（约 5g）

1　2　3　4

1 芥蓝择洗干净，将根部的老皮削掉备用。大葱取葱白切细丝，红彩椒和老姜也切细丝，将葱丝和红彩椒丝放入白开水中浸泡，一会儿它们会变得卷曲，用来装饰很漂亮。

2 将生抽、白砂糖倒入锅中，加入 50ml 水，投入姜丝并煮开，可作为调味汁。

3 大火烧开锅中的水，放入盐和两三滴油，放入芥蓝，大火煮至沸腾，捞出芥蓝，迅速浸入凉开水中。

4 待凉后，捞出芥蓝，沥净水，淋上调味汁，摆上葱丝和红椒丝，剩下的油用大火烧至冒泡，淋在芥蓝上即可。

芸丽这样做

♥ 在灼芥蓝或其他蔬菜时，水中放入一些油和盐可以让蔬菜的颜色更绿更漂亮。

♥ 灼过的芥蓝立刻放入凉开水（如果有冰块浸入的凉开水更好）中可以让芥蓝的口感更爽脆。

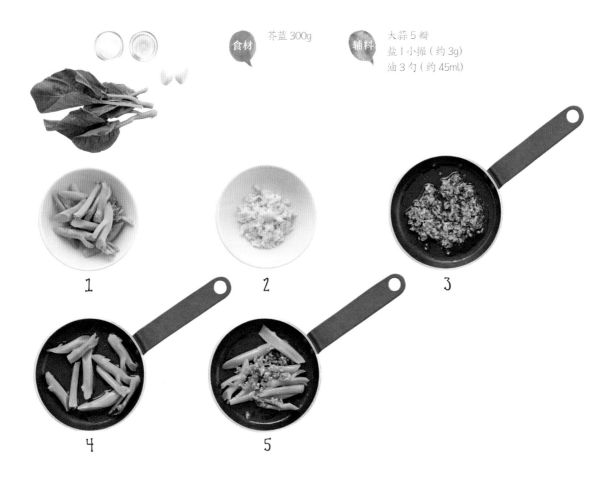

食材 芥蓝 300g

辅料 大蒜 5 瓣
盐 1 小撮（约 3g）
油 3 勺（约 45ml）

1 芥蓝去掉老叶和根部老硬的皮，斜切成段。

2 大蒜拍扁剁碎成均匀蒜蓉。

3 中火烧热锅中的油（2 汤匙）至六成热，倒入蒜蓉，铲子不断地上下捣匀蒜蓉，至蒜茸由白转黄时将火转小。

4 继续捣匀，蒜蓉呈浅金黄色时关火。至油的余热将蒜蓉炸得金黄剔透，将蒜蓉捞出用小碗盛起，加入爆蒜的油，放凉。

5 炒锅中继续加油烧至七成热放入芥蓝，加入少量的水猛火翻炒均匀加盖。

6 待芥蓝变软，呈亮青色后加盐和蒜蓉，翻匀后即可上盘。

芸丽这样做

♥ 炒时油量要略多，在用大火，速度要快，要注意芥蓝的颜色变化，一般在翠绿时上盘为宜。

♥ 可以一次性多炸出一些蒜蓉，浸泡在蒜油中放凉。用保鲜膜覆盖放入冰箱，就可多次用于滚汤、炒菜、蒸品等。

蒜蓉芥蓝

被煸炒得金黄的蒜蓉没有了蒜的辛辣转而散发出独特的香味，配合芥蓝的清香，有开胃的功效哦！

芥蓝腊肠

这个菜谱推荐给孩子爱吃肉的家长。炒蔬菜的时候加点儿肉，
让蔬菜附着孩子喜爱的味道，能够吸引小朋友多吃一点儿菜。

食材 芥蓝 300g
广式腊肠 1 根

辅料 姜 2 片
盐 1 小撮（约 3g）
白砂糖 2g
油 2 勺（约 30ml）

1 芥蓝清洗干净，用削皮器刮去老皮，去掉叶子，梗斜切成片。腊肠斜切成约 3mm 厚的片状。

2 大火烧开锅中的水，水开后，加入少许盐和油，把芥蓝下锅内汆至断生捞起，倒入漏筛控水备用。

3 中火烧热炒锅中的油至五成热，将腊肠片入锅翻炒至七分熟，把腊肠片推至锅边，下姜片，改大火，把姜片爆香。

4 倒入汆过的芥蓝，加入盐和白砂糖，翻炒均匀即可出锅。

芸丽这样做

💗 我总觉得有点儿甜的广式腊肠和芥蓝的味道更搭，当然，也可以换成自家小朋友喜欢的火腿或者培根之类。

💗 腊肠本身油分较重，煎炒后就会出油，可根据自家孩子口味控制油的使用量。

孩子爱吃的
豆腐

在备孕的时候，豆腐就因为富含天然类黄酮而一度成为我家里重要的食材。宝宝出生后，我们依然保持了吃豆腐的习惯，有时早点去外面小店要一碗豆腐脑，有时用豆腐炖菜，有时买来豆腐皮凉拌，只不过把过去喜欢吃的麻婆豆腐暂时从菜谱中去除了。豆腐的种类实在太多，变着花样吃豆腐真是一点都不成问题：南豆腐做汤，北豆腐炖肉，香干炒韭菜，酱豆腐拌进粥里，腐乳抹在馒头干上，豆腐丝凉拌，冻豆腐熬白菜，实在不胜枚举。后来家里有人得了痛风，担心摄入过多嘌呤，我们家吃豆腐的次数骤然减少了，每次做豆腐也就更求精求美。我家宝宝最爱吃的就是我觉得做起来最复杂的一款，鸡汤煨冻豆腐：把豆腐放进冰箱冻一夜，然后切块，滚水后捞出，放入用鸡汤、火腿汁和高汤熬成的汤汁中，加入金针菇头和冬笋片慢煨，最后做出的豆腐吸饱了汤汁，清清爽爽，味道极为鲜美，每次小朋友都能吃很多。联想到豆腐在我家的际遇，我会教给孩子：其实每一样食材都是自然的恩赐，不应该吃得过多，也不应该完全不吃，适可而止才是吃货的最高境界。不仅在

吃的方面，在为人处世方面，这个道理也适用。孩子现在听得似懂非懂，但相信把正确的道理早点教给他，让他自己去领悟才是成长的必经之路。

豆腐的营养

过去形容人家穷，就说白菜豆腐过一冬，看起来豆腐是那么廉价，但是作为中国人自己的发明，豆腐首先是我们的骄傲，而细究起豆腐的营养，更是了不起。豆腐等豆制品的蛋白质含量竟然比大豆还高，几种氨基酸的比例也与人体的需求最为接近，是最简便的营养摄取途径。

豆腐的禁忌

所有食材都有所宜，有所忌。豆腐那么好，也是有禁忌的。比如痛风患者就应该少吃豆腐，以防嘌呤增高；此外有肾功能障碍或肾脏疾病的人如果大量食用豆腐，会过量摄入植物性蛋白，增加肾脏的负担；中医理论认为豆腐属于凉性食物，被中医诊断为脾虚或脾胃不和的孩子应该少吃豆腐，以防寒凉过重伤及五脏六腑。

另外在超市中，现在出现了很多日本豆腐、奶豆腐、鸡蛋豆腐、花生豆腐等各种看起来和豆腐很像的食物，这些其实都不是豆制品，而且里面的添加成分大都非常多，如果希望通过这些"豆腐"给孩子补充所需的营养，就会非常困难，而且还可能摄入不必要的添加剂，建议在购买之前认真检视一下成分。

有时早点去外面小店要一碗豆腐脑，有时用豆腐炖菜，有时买来豆腐皮凉拌。

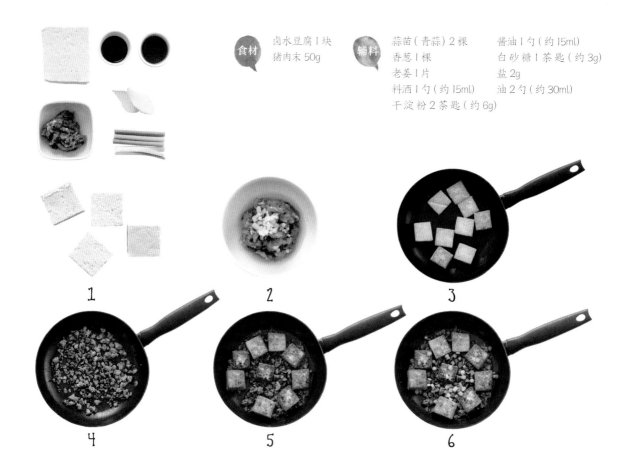

食材 卤水豆腐1块
猪肉末50g

辅料 蒜苗(青蒜)2棵　　酱油1勺(约15ml)
香葱1棵　　　　　白砂糖1茶匙(约3g)
老姜1片　　　　　盐2g
料酒1勺(约15ml)　油2勺(约30ml)
干淀粉2茶匙(约6g)

1　豆腐切成约5cm见方，1cm厚的片。蒜苗切粒。香葱切葱花。姜切碎粒。

2　猪肉末中加入干淀粉、料酒、葱花和姜粒拌匀，腌制一会儿。

3　平底不粘锅中加1汤匙油，中火加热至五成热，逐片放入豆腐，一面煎至金黄后翻至另一面，逐片煎好后取出备用。

4　锅中加入另1勺油，大火加热至五成热，放入腌好的猪肉末炒散至变色，调入酱油和白砂糖翻炒均匀，加入豆腐稍加翻炒，加小半碗水盖上锅盖焖5分钟。

5　最后放入切好的蒜苗粒翻炒，加盐拌匀即可出锅。

芸丽这样做

♥ 煎豆腐的时候不宜过早翻动，这样会导致豆腐破损，耐心多煎一会儿，豆腐自然就与锅底分开了，这时候再翻动不迟。

♥ 蒜苗和青蒜是各地对这种大蒜再生长成的类似青葱的蔬菜的不同称呼。由于它的口味保留了大蒜的辛辣，所以不太适合6岁以下的小朋友生食。此菜中的蒜苗可以用香菜替代。

家常豆腐

普通的豆腐、普通的做法、
普通的名字，但味道可不普通呢。

素酿豆腐

用各种菌菇调成馅代替肉馅酿在豆腐里，
没想到口感竟然那么鲜美，小家伙爱吃得不得了。

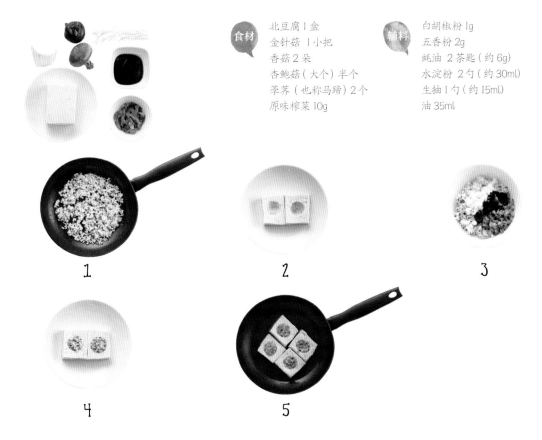

食材 北豆腐 1 盒
金针菇 1 小把
香菇 2 朵
杏鲍菇（大个）半个
荸荠（也称马蹄）2 个
原味榨菜 10g

辅料 白胡椒粉 1g
五香粉 2g
蚝油 2 茶匙（约 6g）
水淀粉 2 勺（约 30ml）
生抽 1 勺（约 15ml）
油 35ml

1
2
3
4
5

1 荸荠洗净去皮，金针菇切去根部。将处理好的荸荠、金针菇、杏鲍菇、香菇、榨菜分别切成碎末。炒锅烧热，加 1 汤匙油，待油烧至温热，放入切好的碎末，翻炒至八成熟盛出。

2 豆腐切成约 4cm 宽、6cm 长、3cm 厚的大块，用小勺子或挖球器挖出半球状凹槽。

3 挖出的豆腐也不要浪费，把它和炒好的菌菇末拌在一起，加入胡椒粉、五香粉、蚝油调味，拌匀成馅料。

4 把拌好的馅料舀入豆腐的凹槽中，用勺底稍稍按压一下。

5 锅里加入剩余的油，中小火烧至五成热，将酿入馅料的豆腐有馅的一面朝下，煎至表面微微焦黄，然后翻面将另一面也煎至焦黄，煎好后盛入盘中。

6 把水淀粉倒入锅中，调入生抽，烧开至黏稠，浇在盘上，包裹住每块豆腐即可。

芸丽这样做

💗 辅料中用到的蘑菇可以根据自家孩子的口味增减。加入榨菜是为了增加口感也省去了盐。

💗 制作酿豆腐需要用质地较紧实的北豆腐，才易定形。

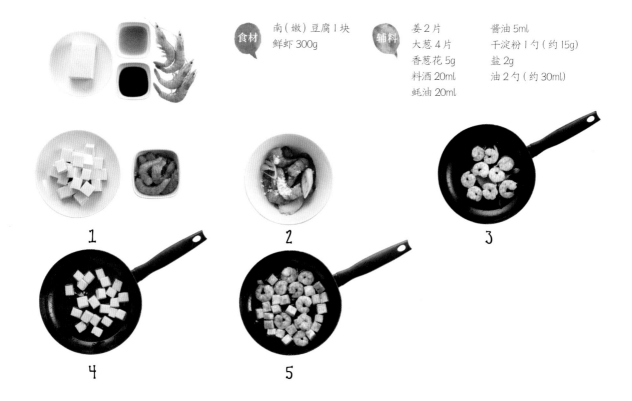

食材　南（嫩）豆腐1块　鲜虾300g

辅料　姜2片　酱油5ml
　　　大葱4片　干淀粉1勺（约15g）
　　　香葱花5g　盐2g
　　　料酒20ml　油2勺（约30ml）
　　　蚝油20ml

1 鲜虾去掉虾头，挑去虾肠，剥去外壳，清洗干净，用厨房纸巾吸干表面水分。豆腐切成与虾仁大小接近的方块。

2 剥好的虾仁加料酒（10ml）、盐（1g）、葱片（2片）、姜片（1片）、干淀粉（半汤匙）抓拌均匀，腌制15分钟。

3 虾仁腌制入味后挑出葱姜，滤去多余水分，并用剩下的半汤匙干淀粉抓均匀，锁住水分，这样炒熟的虾仁更鲜嫩。

4 将蚝油、酱油、料酒（10ml）、清水（50ml）混合，调成味汁。

5 大火烧热平底锅中的油（1汤匙）至六成热，放入虾仁迅速滑散炒熟盛出。

6 锅中加入剩余的油，放入剩下的葱花、姜片爆香，再放入豆腐块稍煎一会儿，不用翻面，轻轻晃动锅底，煎得差不多时倒入调好的调味汁烧开，重新把滑炒过的虾仁倒回锅中，待汤汁变浓时撒香葱花，关火，装盘。

芸丽这样做

♥ 品质上乘的蚝油是极好的调味品，既可以提鲜，又省去了白糖和盐，调味汁很关键，有时咸淡难把握时，用筷子尖轻蘸尝一下。

♥ 口感鲜嫩的南豆腐，更适合来烧这道菜，豆腥味不那么浓，也更易浸入调味汁。

虾仁豆腐

虾仁和豆腐就是营养和美味的黄金组合，一个鲜，一个嫩，
一个有丰富的植物蛋白，一个有丰富的动物蛋白。

孩子爱吃的
花椰菜

花椰菜，就是俗称的菜花，原本并不是我所喜爱的，家里的菜谱上也不常出现，究其原因大概是从小学到大学的食堂里总能频繁见到菜花单调的身影，让我审美疲劳了吧！可是菜花的确太家常了，更何况有营养！所以确实没有必要费心费力地刻意避开它。我家的菜花做法开始走的是两条最大众的路线：与肉片一起炒和与番茄一起炒。慢慢用心做之后发现，基本款也是可以升级的，炒肉片后来演变成了炒腊肉、炒腊肠、炒海米、炖鱼丸。炒番茄既发生了极简的变化，用番茄酱炒，用蚝油炒，用豆瓣酱炒；也发生了极繁的变化，用番茄瑶柱香菇酱做出了菜花炒鸡丝，被儿子正式命名为"炒鸡油菜花（超级有才华）"。这事让我理解了一个道理，做菜这事只要开了窍，就会变成一件天大的乐趣，即便是你最不感兴趣的食材，一样可以像变戏法一样把它变成你和孩子都喜欢的菜肴。不得不说，这过程中调味料起了很大的作用，认真回想，菜花在我印象里变得好吃起来，确实跟我迷上调味料是同步的。最开始，趁空闲时自己做了炸酱，放入保鲜盒存进冰箱里，本来是给孩子吃炸酱面用的，后来发现在炒菜时用一点，效果一样好，而且炸酱里精心加入的调味料在做菜时显出了大作用，熬制炸酱时下的工夫被平均地分摊到每次简单的炒菜中，真是太方便了。后来我开始用空闲时间做各种调味酱存入小瓶子，以便在之后做菜时加入，这个方法令讨厌的菜花顺眼多了，比如豆豉茄子酱，比如笋干虾蒜酱，只加一点，味道提升不只百倍。而且这是一条很值得深入钻研的路呢，希望我真的能在厨艺上变成"炒鸡油菜花"。

用番茄瑶柱香菇酱做出了菜花炒鸡丝，被儿子正式命名为"炒鸡油菜花（超级有才华）"

花椰菜的营养

这种十字花科的蔬菜是在清朝初期才传入中国的，但是很快就成了最常见的菜肴。它营养丰富，含水量高达 90%，热量却非常低，白灼的菜花可是减肥专属食谱。孩子感冒咳嗽或便秘的时候喝点榨菜花汁也有比较好的辅助疗效。现代的研究发现它因为含有吲哚衍生物，具有抗癌作用，也因为含有丰富的胡萝卜素和维生素 C，具有高抗氧化抗衰老的作用，它的力量确实不可小觑。

花椰菜的挑选

菜花一定要挑选结实、干净的。如果观察到周边的小棵已经开始散开，就说明菜花已经老了，最好放弃。如果看到菜花上有黑斑的一定避开。个人的小经验，满足以上要求之后，就买一颗包着两层叶子的菜花回家，几乎是最好的。不要用任何保鲜膜、保鲜袋包裹储藏，就是用菜叶包裹，保存时间才更长久。

 食材 有机菜花半棵
中型西红柿1个

 辅料 香葱1棵
番茄酱1汤匙
盐1小撮（约3g）
白砂糖2茶匙（约6g）
油2勺（约30ml）

1

2

3

1 菜花洗净掰成小朵，氽2分钟后沥干备用。西红柿去皮后切小小的滚刀块。香葱切碎。

2 炒锅中注入油，大火加热至四成热，放入一半分量的香葱碎煸香，放入番茄酱炒出红油，然后放入西红柿炒至出汁，加入菜花翻炒均匀。

3 锅中调入白砂糖和少许清水加盖略焖片刻，使菜花入味，最后调入盐大火收汁，出锅前撒上另外一半葱花即可。

芸丽这样做

♥ 我喜欢用新鲜的番茄和番茄酱一起炒菜花，这样味道和颜色上可以更加浓郁。

♥ 菜花的农药残留问题相对严重，最好可以选用有机菜花来烹制。如果不清楚菜源，需要用有机酵素类洗涤产品按说明浸泡菜花后再切分。

番茄菜花

相信每家的食谱里都少不了番茄菜花，妈妈们的做法或多或少都会有不同，但一定都是孩子们最爱的味道。

五花肉片炒菜花

非常家常的做法，10岁以上喜欢吃辣的孩子有时候甚至会要求放一枚朝天椒，这样能令菜花有肉味和辣味，最是下饭。

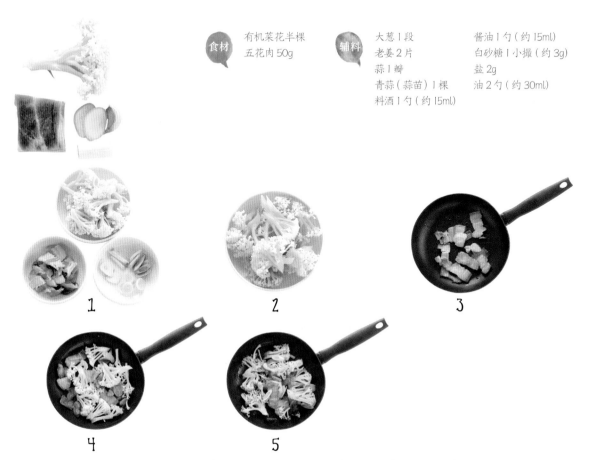

食材 有机菜花半棵
五花肉 50g

辅料 大葱 1 段　　　　　　　酱油 1 勺（约 15ml）
老姜 2 片　　　　　　　白砂糖 1 小撮（约 3g）
蒜 1 瓣　　　　　　　　盐 2g
青蒜（蒜苗）1 棵　　　油 2 勺（约 30ml）
料酒 1 勺（约 15ml）

1 五花肉切成长方形薄片。菜花洗净掰成小朵氽 2 分钟备用。大葱切成葱花，
老姜切成小片，蒜切片，青蒜洗净切斜片。

2 中火加热炒锅中的油，待油微微冒烟后，放入五花肉片煸至卷曲，肥肉
部分呈半透明状，投入葱花、姜片、蒜片翻炒出香味，放入菜花翻炒均匀。

3 烹入料酒并调入酱油翻炒均匀，如果喜欢菜花软烂一些，可以加少许水
焖煮片刻。之后调入白砂糖和盐，加入青蒜翻炒至汤汁收干、青蒜变色
即可出锅。

芸丽这样做

♥ 有时也可以用培根代替五花肉，同样很受孩子喜爱，小朋友会要求把培根
煎得焦一点。注意煎培根最好用干锅（免去油分）、中小火，煎时要有耐心。

♥ 如果小朋友愿意尝试口感有韧性的食物，可以把氽菜花的步骤改为把菜花
掰好后在窗边通风处晾晒一下午，会颇有干锅菜花的效果。

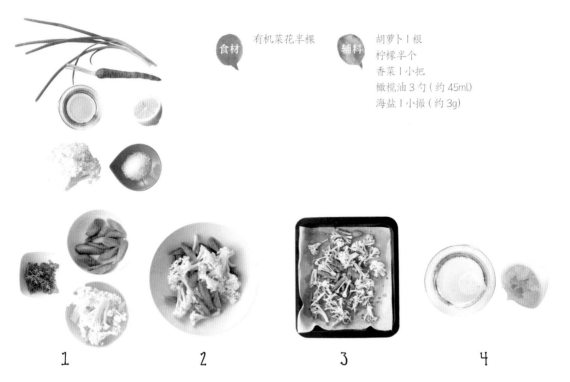

食材 有机菜花半棵

辅料 胡萝卜1根
柠檬半个
香菜1小把
橄榄油3勺（约45ml）
海盐1小撮（约3g）

1 烤箱调至200摄氏度预热。

2 菜花洗净分成小朵。胡萝卜斜切成块。香菜择洗干净切碎。柠檬挤出柠檬汁。

3 菜花和胡萝卜放入大碗中，加入橄榄油和海盐（2g），稍稍拌一下，平铺在烤盘上。

4 烤盘移入烤箱，烤至菜花表面略微呈焦黄时取出（约15分钟），趁热撒上香菜，拌匀。

5 烤蔬菜的同时调酱汁，将柠檬汁、海盐（1g）混合，慢慢调入橄榄油。

6 菜花烤好后淋上调好的酱汁即可。

芸丽这样做

♥ 除了菜花，其实很多蔬菜都可以用来烤，比如蘑菇、角瓜、茄子，烤好的蔬菜直接食用或是搭配烤制、煎制的肉类都是不错的。

♥ 在烤盘表面铺一层牛油纸或锡纸，会令清洗工作轻松些。

烤菜花

吃惯了炒菜花，偶尔换个新花样，
也会让小朋友惊喜一番。邀请他一起动手，
说不定食量也会大增哟！

孩子爱吃的
豆角

　　儿子在两三岁的时候，就会站在茶几旁帮我择豆角，这也是他学会处理的第一种食材。现在儿子也大了，在他看来，豆角最好吃的做法就是扁豆焖面。各家做扁豆焖面的方法大同小异，我的心得有这样几个，其一要先炒肉，要炒得嫩一些，马上取出，等加最后一次水的时候再把肉放入面中拌开；其二水要分几次放，最好用家中常备的高汤加最开始炒扁豆时加入的调味汁；其三面条在焖之前应先用橄榄油拌匀，最后淋了蒜醋汁之后还应再加入一些大蒜碎。我成功地偷师了娘家的扁豆焖面，有时还自己发挥，把肉换成广式香肠或在调味里加入甜面酱等兴之所至的调料，让我家的扁豆焖面味道总是有些微变化，搞得儿子经常忘记自己爱吃的是哪几种，但是我们娘俩儿两个"射手"，都是热衷求新求变的家伙，对各种实验乐此不疲，还经常出些不靠谱的小主意。想来以后儿子做饭的手艺应该不会差吧！起码因为我的各种版本的扁豆焖面让他对做饭感兴趣了，会做饭可是我心里评判好男人的基本标准之一！看着儿子兴致勃勃地朝着这个方向迈进，一时心里真是涌出了各种开心和感慨呢！

豆角的营养

按家里老人的话讲，豆角是最适合夏天吃的蔬菜，因为它能祛暑健脾化湿。怎么判断身体是否有湿气呢？就是看身上是否起了瘙痒红点，或大便是否粘连冲不净。有这些情况出现时，冬瓜、薏仁、西瓜、豆角这些蔬果都能够有效除湿。但是一定要注意豆角的毒性。豆角越老毒性越强，所以挑选时应尽量选择幼嫩的；一定要尽量长时间烹饪，保证烧熟，毒素消除殆尽后再吃，最好同时加入能够清除毒素的蒜末。

豆角一定要尽量长时间烹饪，保证烧熟，毒素消除殆尽后再吃，最好同时加入能够清除毒素的蒜末。

豆角的挑选

我虽然喜欢豆角，但是看到市场上的各种豆角还是很迷糊，从前每次都只敢买吃过的那一种。豆角到底有多少种呢？市场上叫作扁豆、四季豆、架豆、刀豆、蛾眉豆、鹊豆、羊眼豆、树豆、藤豆的都是豆角。虽然形态稍有不同，或者更扁一些，或者更宽一些，但是口味相似，挑选鲜嫩的做出来，找适合自己口味的吃就好。为了满足新鲜感，我是把很多种都买来试吃过了，两个爱新鲜的"射手"参与了评判，确实大同小异，那些细微的不同只能算是我们爱上它或嫌弃它的一个小理由，被我家的人贴上了标签，也许会被你家的人摘掉。

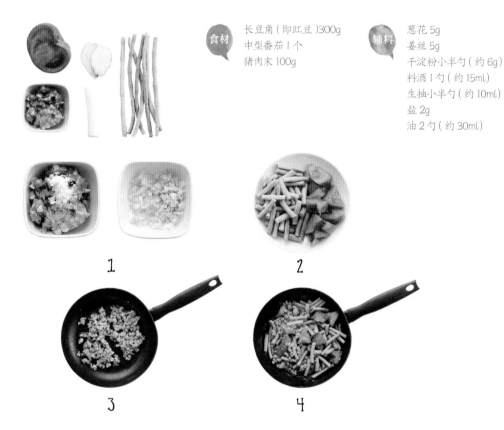

食材　长豆角（即豇豆）300g
中型番茄 1 个
猪肉末 100g

辅料　葱花 5g
姜丝 5g
干淀粉小半勺（约 6g）
料酒 1 勺（约 15ml）
生抽小半勺（约 10ml）
盐 2g
油 2 勺（约 30ml）

1

2

3

4

1 长豆角掐掉两端老硬的部分，洗净，切约 3cm 长的段。
在番茄的顶端划一个十字口，放入滚水中烫一下，取
出去皮，切小块。

2 猪肉末中加入干淀粉、料酒、盐，用筷子拌匀，腌制
一会儿。

3 锅烧热后倒入油（1 汤匙），接着放入腌制入味的肉馅
煸炒，炒至变色、变散，熟透盛出。

4 炒锅重新加入油，烧至五成热加姜丝和葱花煸炒出香
味，下豆角翻炒，可以少加一点儿水，多炒一会儿。

5 下番茄，最后放入煸炒过的肉末，加生抽调味，炒熟
出锅。

芸丽这样做

♥ 也可以用番茄酱代替番茄，但是我更喜欢新鲜食材的味
道，长豆角本身味道比较清淡，加入番茄可以让豆角的
味道更丰富，也更下饭。唯一需要注意的是，番茄加入
时间要在豆角熟透后，否则豆角不易烹熟，且颜色会变黄。

♥ 如果孩子能够接受香草的味道，这道菜的做法还可以额
外加入新鲜九层塔（或罗勒），用鱼露代替生抽和盐，
别有风味，很下饭。

番茄肉末长豆角

也许会有人觉得这个菜的组合有点怪，
试一下，"红黄绿"味道真的不错呢！

土豆烧豆角

这是从朋友那儿学的一道东北菜，
朴实无华，但香气浓郁，正像无邪的孩子们自身的品质一样美好。

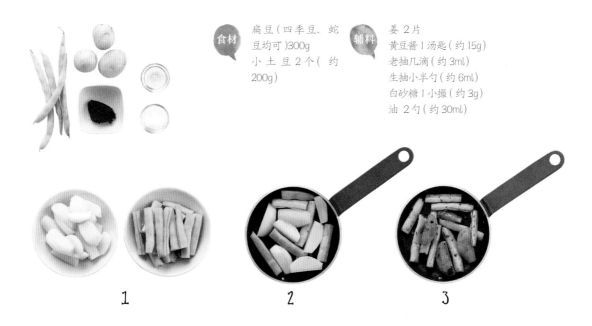

食材 扁豆（四季豆、蛇豆均可）300g
小土豆2个（约200g）

辅料 姜2片
黄豆酱1汤匙（约15g）
老抽几滴（约3ml）
生抽小半勺（约6ml）
白砂糖1小撮（约3g）
油2勺（约30ml）

1 2 3

1　豆角撕去筋，洗净掰成小段。土豆洗净去皮，切成与豆角匹配的滚刀块。

2　中火把锅烧热后倒入油，待油温热后下姜片炒出香味，再倒入豆角翻炒。豆角要尽量在锅里摊开，使其均匀受热。

3　待所有豆角都被炒成翠绿色后，把豆角拨到锅的四周，露出锅底放土豆继续中火翻炒。

4　加黄豆酱、生抽、老抽、白砂糖继续翻炒，让所有调料与菜混合均匀。

5　把锅里的菜平整一下，形成一个平面，倒入水，水量以没过菜为宜。转开大火烧开，盖上锅盖，调成中小火炖。这期间一定不要总是去翻锅里的菜，让它自己炖开才好。

6　待所有食材炖熟透，掀盖转大火收汁，即可关火盛出。

芸丽这样做

♥ 东北油豆角上市的时候，用油豆角做更香。此外，肉厚的四季豆、蛇豆也同样适合烹制这道菜。

♥ 调味料中的黄豆酱、生抽都有盐分，所以不用另外放盐。我喜欢在炖菜时放糖来提鲜，可以视自家口味调整。

食材 宽扁豆 300g
猪里脊 100g

辅料 大蒜 1 瓣
姜 1 块
料酒 1 勺（约 15ml）
干淀粉 1 勺（约 15g）
白胡椒粉 2g

生抽半勺（约 6ml）
盐 2g
油 2 勺（约 30ml）

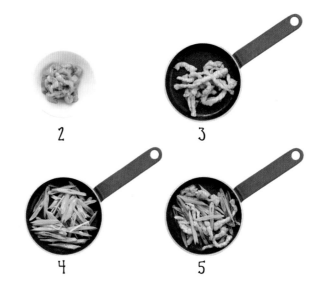

1 豆角撕去老筋，洗净，斜刀切成丝。蒜和姜切丝。猪里脊切丝，加入干淀粉、白胡椒粉、生抽抓拌均匀腌制 15 分钟。

2 中火把锅烧热后加入 1 勺油，不用等油烧热，放入腌制好的肉丝滑炒，待肉丝变成白色盛出备用。

3 锅内重新加入油，然后放入蒜丝和姜丝爆香，再放豆角丝煸炒，加生抽调味，最好加一点水，略煮一下，让豆角熟透又不会糊掉。

4 待豆角丝变软变色，九分熟的时候，把滑炒过的肉丝倒回锅中一起炒，出锅前加盐炒匀即可。

芸丽这样做

💗 有时候我还会在里边加一个炒鸡蛋，这样有肉有蛋还有蔬菜，口味和营养都丰富了。

💗 如果没有现成的猪里脊肉，这道菜还可以用培根来替代。只需先把培根切小段，净锅煎熟、煎硬就可以先盛出，用煎出的油来炒豆角丝。

炒豆角丝

用小朋友的话说："妈妈，豆角切丝炒着吃，怎么味道就变了呢？那么香！"

孩子爱吃的
番薯

　　家里的番薯都是蒸了直接吃，有一次没吃完，动了玩心，就把剩下的番薯蒸过之后加糖和上土豆粉做成了小芋圆，放进甜品里，可把我孩子吃美了。后来看到紫薯如果和了糯米粉还能做成酒酿小圆子，就又试做了一次，效果也不错。平时吃的食物紫色可不多见，出现在餐桌上就煞是引人注目，而且看起来紫色的食物都好像充满了花青素，对眼睛好，让现如今看平板电脑多的孩子们多吃点儿肯定没错。但是紫薯总是不如红薯甜，一般都是搭配其他的食材做，现在家里最常吃的，是用马铃薯、红薯和紫薯做成的三色薯泥，好吃有营养，做起来也不算费事，三种食材统一蒸熟，分别擀压成泥，按口味马铃薯加入黑椒和盐，红薯加入蜂蜜，紫薯加点枫糖或冰糖汁就可以了。紫薯的作用就是点缀餐桌，增加食物的色彩饱和度，让孩子更有食欲，所以口味并不需要追求极致可口，只是把它碾成泥拌入各种面粉、米粉、米饭甚至酸奶中，就能得到紫色的有趣食物,让一众得了"公主病"的女孩爱不释手。感觉紫薯真的不容易，既生红薯，何必又有了紫薯呢？紫薯只好自塑个性，自找特色以吸引众人的目光，以完成登上餐桌的使命，最后紫薯以各方面都优于红薯的良好成绩实现了自己的梦想，多么励志！赶快去买吧！

紫薯的营养

紫薯相比红薯，最大的优点是紫薯富含花青素。紫薯是提取花青素的重要原料，我原来以为是葡萄呢！所以紫薯的食用价值看来只是它的"业余价值"，花青素对于改善夜盲症等各种眼部疾病有非常重要的作用；它还是抗氧化剂，抗衰老的药物和化妆品中也常见它的身影；在预防癌症的工作中，花青素也具有保护蛋白质的强大功效。虽然葡萄也有差不多的功效，但是含花青素最多的葡萄皮每每被我们吐掉，那些营养并没有被我们很好地利用上，紫薯就不同了，花青素都在瓤里，请慢慢品，慢慢吃。

现在家里最常吃的，是用马铃薯、红薯和紫薯做成的三色薯泥，好吃有营养，做起来也不算费事。

番薯的挑选

挑选番薯时，以形体完整、平滑、表面无凹凸不平者为佳。一定不要选择发芽或表面皱皱的，这些都是不新鲜的表现；也不要选表面有破损的，比较容易腐烂。如果番薯上有小黑洞则表示内部可能已腐烂。料理时，可依烹煮方式选择不同体型的番薯，例如烤番薯，可以选择细长型的，比较容易熟透。

 食材　红薯1个（约300g）
三角奶酪
（或马苏里拉奶酪）50g

 辅料　糯米粉3勺（约45g）
白砂糖半勺（约6g）
牛奶150ml
油500ml（实耗30ml）

1

2

3

4

5

1 红薯刷洗干净，放入蒸锅中蒸熟（大约30-40分钟），筷子能插透就可以了。

2 蒸熟的红薯剥去外皮，用勺子碾碎，最好能用手揉捏几下，一定要将红薯揉透、碾顺。

3 在红薯泥中加入糯米粉搅拌均匀，再加入白砂糖和牛奶，和成红薯糯米粉团。

4 三角奶酪切成小块，大小根据你想要做的薯泥丸子的大小来定。

5 红薯糯米粉团揉成长条状，分成若干个大小相同的小剂子，然后将剂子擀成一个个小圆饼，就像饺皮。

6 取一个小圆饼，在中间放上切好的奶酪块，然后合拢圆饼，揉成球状。尽量揉圆，不要有棱角。

7 中火烧热锅中的油至五成热，将揉好的芝士薯丸子下入锅中炸至外酥里嫩，外表金黄，捞出沥净油。为了口感更酥脆，还可以再炸一次，用八成热的油温。

芸丽这样做

♥ 家里如果有空气炸锅，可以免用油锅炸制。用200摄氏度预热5分钟，再把表面刷油的薯泥丸子放入，用200摄氏度烹制8-12分钟就好了。

薯泥奶酪丸子

小孩子都喜欢吃点零食，但市售的零食大都难免有
不良添加剂或者油脂过多的问题，
自己动手试试这款香糯又让人惊喜的小丸子吧！

奶酪焗红薯

"甜肥圆"的红薯和"白富美"的奶酪碰撞间,产生出脆香糯的好味道!

食材 中型红薯1个
马苏里拉奶酪碎
20g

辅料 黄油20g
白砂糖1小撮（约3g）
淡奶油1勺（约15ml）

1

2

3

1 红薯洗干净，不用擦干水，包一层厨房纸巾，放入微波炉里高火加热5分钟，中间翻一次面，至热熟。

2 取出对半剖开，用勺子挖出红薯瓤。注意表皮要留8mm左右厚的边。

3 挖出的红薯瓤趁热用勺子压成泥，加入黄油、白砂糖、淡奶油和少量奶酪碎拌匀。

4 将搅拌均匀的红薯泥重新盛入红薯壳中，表面撒上剩余的奶酪碎。

5 烤箱180摄氏度预热10分钟，红薯放入烤箱中烘烤20分钟，至奶酪融化变色，表面烤出焦黄色即可。

芸丽这样做

♥ 红薯本身是甜的，也可以不加糖。焗好的红薯趁热吃味道最好。但小朋友食用时要格外注意温度，防烫。

♥ 空气炸锅烤制的方法为：用190摄氏度预热5分钟，再把处理好的红薯放入，继续用190摄氏度烹制7～10分钟，至奶酪融化，表面烤出焦黄色。

蜜汁烤番薯

好吃到停不了口的烤红薯条，
做法非常简单，真正的零添加。

 食材 番薯（即红薯）1个

 辅料 蜂蜜（或枫糖）3勺（约45ml）
橄榄油1勺（约15ml）
盐1小撮（约3g）
黑胡椒碎1g

1

2

1 番薯去皮，切条，放入大碗中。加橄榄油、蜂蜜拌匀。

2 烤箱200摄氏度预热。

3 调味后的番薯条倒入烤盘中，撒上盐、黑胡椒碎，将烤盘移入预热好的
烤箱烘烤。期间可翻动一次。烘烤30分钟左右即可。

芸丽这样做

♥ 也可以用紫薯来做，烘烤后口感上略有不同：紫薯的口感更甘脆，红薯的
口感更甜糯。

♥ 用烤箱烤制时最好在烤盘上铺一层牛油纸，以免食材黏住不易取出，也容
易清洗。

♥ 空气炸锅做法：200摄氏度预热5分钟后，烹制12分钟。

孩子爱吃的
黄瓜

黄瓜是辨识度最高的蔬菜之一。我们小时候只有在夏天才能吃到，和西红柿摆在一起，让选择困难的我经常不知道该先吃哪一个。关于黄瓜的记忆总是清凉的，充满绿色和蓝天白云的愉悦，我的特殊爱好是吃最老的黄瓜，一点点地嚼里面嫩嫩的黄瓜籽是每个夏天最开心的享受。现在黄瓜一年四季都能吃到了，我也成了在菜场挑三拣四，嘴里念叨着"只要顶花带刺的"那种妈妈，小朋友却对黄瓜没有什么特别的概念，他有时会嫌黄瓜皮塌，有时会嫌黄瓜涩，有时会对妈妈大喊，冰箱里有根黄瓜蔫了！一次带他去郊游，大家一起吃农家饭，盘子里水灵灵的黄瓜突然让他来了兴致，蘸起酱，一大口一大口地迅速干掉了一根，每一口还都抹满酱，最后把自己吃成了一只花猫。从此在他的概念里蘸酱的黄瓜成了农家菜的代表，带着田野里阳光的气息，荡漾着草叶树叶的清香，混合着大自然中各种生命的声响，同时要伴着炒柴鸡蛋的喷香，这样的黄瓜成了他喜爱的固定菜式。他坚持黄瓜一

定不可以做熟，那样就失去了农家的意味，我对此不置可否，也就默认了，于是各种黄瓜的生食、凉菜的食谱成了我们俩平时研究的方向，毕竟黄瓜是有营养的家常蔬果，只要孩子喜欢吃，做法何必面面俱到呢？

黄瓜的营养

黄瓜太家常了，以至于没什么人去研究黄瓜的营养成分，一想到黄瓜的营养，脑海里就会不自觉浮现出面膜、化妆水之类的东西，黄瓜就是这么平凡得快低到尘土里去了。黄瓜有助减肥，有助新陈代谢，有助舒缓肝脏的负担。虽然从中医食疗的角度看，黄瓜属于凉性刮肠的食物，现代人往往虚火过盛，食物中过多的辛辣刺激恰好也可以用黄瓜来中和弥补，所以现代人应该比过去更需要黄瓜在侧了。

黄瓜的挑选

念叨着"顶花带刺"去挑选黄瓜肯定是没有错的，但是作为妈妈的我依然会有一些疑问，当然知道又直又顺溜的是最好，但是当退而求其次时，究竟是直的、很粗然后突然收细的好呢？还是弯弯的顺溜着变细的好呢？专家回答说，第一种籽多，喜欢籽的人可以选择，第二种口感好，可以根据个人的喜好进行选择。倒是专家提了一个大家可能都没有留意的地方，挑选黄瓜的时候要选择有竖棱的，在黄瓜刺的下面会隐隐看到一条条竖棱，这种棱越清晰的黄瓜越好吃，多留个心眼去挑吧！

盘子里水灵灵的黄瓜突然让他来了兴致，蘸起酱，一大口一大口地迅速干掉了一根，每一口还都抹满酱，最后把自己吃成了一只花猫。

 黄瓜 1 根
鸡蛋 1 枚

 芝麻香油几滴 (约 3g)
盐 1 小撮 (约 3g)
白芝麻 3g
油 1 勺 (约 15ml)

1

2

1 　鸡蛋加盐在碗中打散，黄瓜洗净削去外皮，切去两头，再切成均匀的细丝。

2 　白芝麻放入平底锅中小火焙成表面微黄，出香气，倒出备用。

3 　不粘锅刷一层薄油，中火烧至五成热，倒入蛋液，使蛋液均匀地布满锅底，
　　待表面的蛋液凝固后，翻至另一面继续煎熟定形成蛋饼，取出晾凉。

4 　待蛋饼稍凉后，卷起切成细丝。

5 　黄瓜丝、蛋饼丝混合，调入芝麻香油和剩余的盐拌匀，撒上焙香的白芝
　　麻就可以了。

芸丽这样做

❤ 为了保留黄瓜的清香，所以食谱里只调了芝麻香油和盐，调味料可以根据
自家孩子口味调整。

❤ 煎出完美蛋饼的关键在于一只不粘平底煎锅，如果没有的话，可以试试多
倒点油在普通平底锅中加热，把多余的油倒出再煎。此谓煲锅，煎出的蛋
饼会更平整和完整。

蛋皮拌黄瓜

做法简单、味道清爽的小菜，可以搭配包子、
馅饼、粥，既营养，又开胃。

肉片炒黄瓜

木须肉的改良版，肉香和菜香相得益彰，总有小朋友喜欢的味道在其中，属于家庭菜单的 TOP 之一。

食材 黄瓜 1 根
猪通脊肉 80g

辅料 料酒 1 勺（约 15ml）
干淀粉半勺（约 7g）
生抽小半勺（约 5ml）
葱花 3g
姜片 2 片
盐小半勺（约 5g）
油 2 勺（约 30ml）

1

2

1 猪通脊肉切成薄薄的小片，加料酒、干淀粉和盐（2g）抓匀腌制 10 分钟。

2 黄瓜刷洗干净，斜切成片，加盐（3g）抓匀，腌制一会儿，炒之前沥去腌出的汁水。

3 炒锅用中火加热，加 1 勺油烧至六成热，放腌好的通脊肉片滑炒至变色盛出。

4 锅内重新加油，中火烧至七成热，加葱花和姜片爆香，把黄瓜片倒入翻炒，再把滑炒过的里脊肉片倒入一起炒匀，调入生抽即可。

芸丽这样做

♥ 做这道菜最好选用嫩通脊或里脊肉。

♥ 黄瓜在炒之前加盐腌一下，颜色会更绿，口感也更脆。

 食材 有机黄瓜1条
有机胡萝1根

 辅料 有机豆瓣酱1勺（约30g）

1   2

1 有机黄瓜和胡萝卜刷洗干净，沥干水分，分别切成小手指粗细均匀的小条。

2 切好的黄瓜条和胡萝卜条搭配有机豆瓣酱蘸食就可以了。

芸丽这样做

❤ 因为是生食，所以对食材的要求很高，一定要选择新鲜有机的食材，才安全。

❤ 蘸酱可以购现成的有机豆瓣酱，也可以自家用少许肉丁炸香后调入调稀的
有机豆瓣酱（类似炸酱面的制酱方法），煮浓厚趁热蘸食。

黄瓜蘸酱

这道菜做起来没什么技术含量，只需要材料足够新鲜。黄瓜是其中永恒的主角；带着田野里阳光的气息，荡漾着青草树叶的清香。

孩子爱吃的
鸡翅

都说吃肉要吃两种地方，活肉，即经常动的位置，还有就是要吃贴骨肉，这么总结下来，鸡翅两方面可都占全了，孩子们爱吃也是很有道理的。我在学校时用电饭煲开小灶，第一次做的就是可乐鸡翅，把鸡翅放在酱油和可乐里煮啊煮，一下就好了，而且获得了很多称赞，这个好的开端让我无比兴奋，干劲十足，从此对鸡翅留下了好印象。孩子也爱鸡翅，不仅是因为我做得好，也因为鸡翅好拿、好咬、吃完一个也很有成就感。自从孩子去快餐店吃过炸鸡，就爱上了那种酥脆的感觉，可是一想到食品安全和高热量，我怎么都不愿意带他再去。孩子软磨硬泡，最后要求我在家里给他做比快餐店还要好吃的炸鸡翅。最初几次真是很为难，不是粉裹厚了，变成一层重重的壳，就是油太多。几经历练，也算是有了一定的心得。

心得一：腌制鸡翅的时间应该尽量长，最好是腌制起来用保鲜膜包起来在冰箱放一夜再做。
心得二：干粉中的胡椒比例应该稍微大一点，做出的炸鸡香气会比较窜。心得三：蘸干粉的时候，应该第一遍裹一次，然后把多余的尽量抖掉，然后蘸蛋液，也是应该尽量薄，我用一个小刷子刷蛋液，保证自己能够控制薄的程度，最后再裹一层干粉，这次是用手捏着粉在鸡

翅上方抖撒，这样炸鸡翅的薄薄的酥脆感就很完美了。

心得四：不要用花生油和橄榄油炸鸡翅，花生油气味太大，橄榄油烟点太低，最佳选择是豆油。

尽管如此，我还是会尽量选择使用煎和煮的方式做鸡翅，尽量只使鸡翅自身的油脂析出，而不再多添加油脂，从而减少孩子油脂的摄入。

腌制鸡翅的时间应该尽量长，最好是腌制起来用保鲜膜包起来在冰箱放一夜再做。

鸡翅的营养

鸡肉在中医理论中有温补的作用，还含有大量孩子成长和妈妈美容所需的胶原蛋白，确实是千家万户喜闻乐见的美味食材。

鸡翅挑选

关于鸡翅曾经有个传闻，说现在食品安全问题严重，很多给鸡打的激素和抗生素都是通过翅膀和脖子注射的。因此，我对鸡翅一度很抵触，但是仔细研究后发现还是有办法规避伤害的。首先要选择有品牌信誉的土鸡和柴鸡，这些鸡的饲养方式更健康一些，鸡的运动量也大，身体内的药物残留相对较少；第二建议选择鸡翅根而非翅尖。总的来说，鸡翅是大工业的产物，品质多少会受到影响，所以在城市生活的人们若非有途径买到纯自然生长的鸡，还是少吃为好。

 食材 鸡翅根约 4-6 根
鸡蛋 4 枚
白豆腐干 200 克

 辅料 大葱 1 节　　　老抽 1 勺（约 15ml）
老姜 1 块　　　油 1 勺（约 15ml）
白砂糖 1 勺（约 15g）
百里香 1 把
盐 1 小撮（约 3g）

1

2

3

4

5

6

1　大葱和老姜清洗干净，切成片。白豆腐干切成 1.5cm
　见方的小块。鸡翅根用清水冲去表面杂质。鸡蛋煮熟后，
　剥去蛋壳备用。

2　大火烧热炒锅中的油至六成热，放入切好的大葱片和
　姜片爆香，之后放入洗净的鸡翅根，爆炒变色，至表
　面略变硬，调入老抽、白砂糖和百里香，炒匀后加入
　适量温水（水量以没过鸡翅根为宜），加锅盖，焖煮
　20 分钟。

3　加入切好的白豆腐干、煮熟的鸡蛋，调入盐，拌匀，
　加锅盖，继续卤制 30-40 分钟，至汤汁收去一半即可。

芸丽这样做

♥ 在大型超市的调味料区可以买到瓶装的干百里香，如果
　能买到新鲜的百里香是最佳选择。

♥ 焖煮翅根的水量要一次加足，否则中途加水会影响口感。

♥ 同鸡翅根一同卤制的食材可以根据每家小朋友的口味做
　调整：萝卜、海带、豆制品都适合。

香草卤翅根

香草卤制的食物有种特殊的香味，卤翅根的同时还可以卤鸡蛋和豆腐干，让小朋友惊喜连连哦！

可乐鸡翅

可乐鸡翅似乎是小孩子都特别喜欢的一道菜，可能因为他们天真简单的童年里品尝这种咸、香、鲜……复杂的滋味，别样过瘾吧!

 食材 鸡翅中 10-12 只
可乐 1 杯 (约 250ml)

 辅料 大葱 1 小段
姜 1 小块
老抽 2 勺 (约 30ml)
生抽 2 勺 (约 30ml)
绍兴黄酒 1 勺 (约 15ml)
盐适量
油 1 勺 (约 15ml)

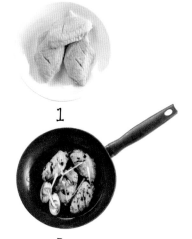

1

2

3

4

1 鸡翅中洗净，两面各划两个刀口，用厨房纸巾擦干表面水分。姜切丝。大葱切段。

2 煎锅中倒入油，中火烧至五成热，放入鸡翅煸至两面呈焦黄色，略定形。依次加入姜丝、葱段，烹入绍兴黄酒、老抽、生抽翻拌炒匀。

3 最后倒入可乐，开大火煮开后，转中小火，盖上盖子继续焖煮 20-30 分钟，转成大火收浓汤汁就可以出锅了。

芸丽这样做

💜 可乐鸡翅实际上是用可乐代替了水和糖，所以可乐的量要根据鸡翅的量一次充足，如果不喜欢太甜，也可以用水代替一部分可乐。

💜 还可以做类似的"三杯鸡翅"：1 杯可乐 +1 杯酱油 +1 杯料酒或黄酒。出锅前放九层塔叶子提鲜。

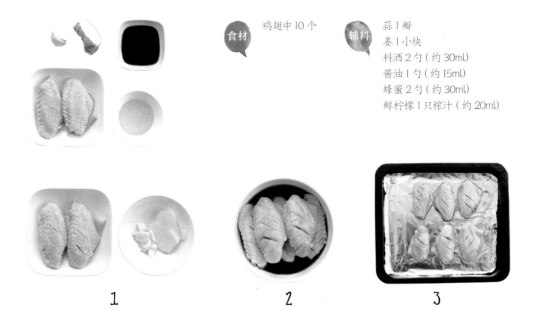

食材 鸡翅中 10 个

辅料 蒜 1 瓣
姜 1 小块
料酒 2 勺（约 30ml）
酱油 1 勺（约 15ml）
蜂蜜 2 勺（约 30ml）
鲜柠檬 1 只榨汁（约 20ml）

1 2 3

1 蒜和姜分别切片。鸡翅洗净用厨房纸巾吸干水，斜割几刀。

2 处理好的鸡翅加料酒、酱油、蒜片、姜片抓匀腌制 30 分钟入味。同时将蜂蜜和柠檬汁混合调一下。

3 烤盘中铺上锡纸或烘焙纸，将腌好入味的鸡翅码入烤盘中，表面上刷一层柠檬蜂蜜汁。

4 烤箱上下火以 200 摄氏度预热后，将烤盘移入烤箱中，烤 10 分钟。

5 至鸡翅表面呈现漂亮的焦糖色，取出烤盘，将鸡翅翻至另一面，同样也刷上柠檬蜂蜜汁，重新放回烤箱继续烤 10 分钟即可。

芸丽这样做

♥ 用叉子或牙签在鸡翅上钻出数个小孔可以更好地入味。鸡翅腌制的时间由 30 分钟至数个小时均可。

♥ 如果小朋友可以接受更辛辣的口味，则可用大蒜粉、生姜粉来代替大蒜、姜片，更入味。

♥ 用空气炸锅 190 摄氏度预热 5 分钟，每面烤制 6 分钟同样可以制作这道菜。

蜜汁烤鸡翅

烤箱的拿手绝活就是让鸡翅表面酥香有韧劲儿，小朋友直接用手拿着啃，那模样满足极了！

孩子爱吃的
大虾

小朋友对虾一般不会抗拒，因为少有异味，容易咀嚼，而且肉质细嫩，但是让我家小伙子爱上吃虾还是颇费了我一番脑筋。白灼有些腥，虾丸太费时费力，最后发现清炒虾仁和番茄酱焖大虾最合他的口味。清炒虾仁的清甜和番茄酱的酸甜也是多数小朋友所喜爱的吧！开始我在冰箱里常备一些剥好皮，去了沙线的干净虾仁，随时在炒菜或熬粥时放几个。后来就培训他自己剥虾皮，处理干净，小朋友每次听到大人的赞许都会更加干劲十足，特别是有几次得到来自学校老师的表扬，说他吃油焖大虾时自己剥皮，非常棒，更是让他意气风发，坚定地爱上了吃虾，或者说爱上了剥虾皮。小朋友的成就感总是这么简单地就来了，在大人眼中的小事情，于他可是了不得的大事业。

虾的营养

从前一直认为大虾是寒凉之物，因为它是海鲜，是发物，对于身体比较虚弱，还是过敏体质的我来说跟洪水猛兽无异。得到吃虾有益的信息后，我认真调查了一番，原来虾是这么回事：大虾性温，有补精益肾、补脾胃的功效，对久病体虚、气短乏力的人特别滋补，常吃可以强身健体，小孩子和孕妇最适合多吃虾。由于富含镁，多吃大虾还能有效预防心血管疾病，减少血液中胆固醇的含量。大虾中虾青素对于消除因时差造成的不适有明显的功效。不过虾确实是发物，上火或有皮肤病的人不宜吃虾，会更严重。如果是小宝宝，可以喂食一只虾看看嘴周围是否会发红，以确定是否对虾过敏。不过人的体质会随时间发生变化，曾经对虾过敏的我现在已经可以随便吃了。

挑选虾

野生虾与养殖虾在价格和品质上有着非常明显的差异，学会跟摊主攀谈并获取准确信息很重要。此外就要用你准备烹制的方法来决定虾的品种和个头了。

小朋友对虾一般不会拒绝，因为少有异味，容易咀嚼，而且肉质细嫩，但是让我家小伙子爱上吃虾还是颇费了一番脑筋。

 食材
净鲜虾仁 300g
中型番茄 1 个
番茄酱 1 汤匙
鲜豌豆 50g

 辅料
蛋清 1 个
料酒 1 勺（约 15ml）
白砂糖 1 勺（约 15g）
姜丝 5g
蒜片 5g
葱花 5g
盐 1 小撮（约 5g）
油 1 勺（约 15ml）

1

2

3

1　番茄顶端用小刀划十字口，放入滚水中烫一下，取出后剥去外皮，切成小丁。虾仁沥净水，加入蛋清、盐（2g）、料酒抓拌均匀，腌制 20 分钟，这样既可入味，又可以使虾仁的口感比较有弹性。

2　中火烧热炒锅中的油，放入葱花、姜丝和蒜片，煸香后捞出不要，加腌好的虾仁翻炒直到变色，然后放番茄丁、豌豆仁炒匀。

3　调入剩下的盐，不时翻炒，番茄变成糊状时，放番茄酱和白砂糖，炒匀出锅。

芸丽这样做

❤ 一般我会买鲜虾自己剥虾仁，这样不仅新鲜、安全，炒出的虾仁口感也好。大约 500g 的鲜虾能剥出 300g 的虾仁。

❤ 豌豆主要是为了调色，还可以换成现剥的鲜毛豆仁，更香甜。

茄汁虾仁

酸甜的番茄汁紧紧包裹着弹牙的虾仁和绿色的豌豆，
一起引诱着小朋友逐一消灭，如同玩游戏！

白灼基围虾

虾肉中含有丰富易消化的蛋白质，非常适合孩子。
白灼新鲜的虾，就是鲜、甜、嫩的原本滋味。

 食材 鲜活基围虾 300g

 辅料 大葱 1 节
老姜 1 块
黄酒（或料酒）2 勺（约 30ml）
蒸鱼豉油 2 勺（约 30ml）
香葱 1 根切碎粒
白砂糖 1 小撮（约 5g）

1

2

3

1 大葱斜切小段，老姜切片。

2 鲜活基围虾用流水冲洗干净，沿虾背剪开一个小口，用牙签剔掉内脏，扯出虾线。逐个处理完所有虾。

3 煮锅里放足量的水，放葱段、姜片，和一些黄酒进去，中火烧开后倒入基围虾。

4 用笊篱稍微搅拌，加上锅盖至再次沸腾，虾壳变红，再煮 5 分钟，捞出沥净水分。

5 蒸鱼豉油和白砂糖混合，撒上香葱花，调成味汁，用来蘸食灼好的虾。

芸丽这样做

♥ 夏天还可以把灼好的虾在冰水里浸一下，口感会更 Q 弹。

♥ 白灼虾的唯一标准就是食材本身的新鲜。

食材 现剥虾仁 250g

辅料 西蓝花 1 小块 (约 80g)
鲜香菇 2 朵
胡萝卜 1 小段 (约 50g)
鸡蛋 1 枚
盐 1 小撮 (约 3g)
料酒半勺 (约 6ml)
干淀粉半勺 (约 6g)
白胡椒粉 1 小撮 (约 2g)
油 1 勺 (约 15ml)

1

2

3

4

1 虾仁稍微切一下，放入搅拌机里搅打成虾泥。

2 西蓝花和香菇洗净，分别放入滚水中余一下，捞出切碎；胡萝卜洗净切细丝。

3 把搅打好的虾泥与西蓝花碎、胡萝卜丝和香菇末混合，加入鸡蛋、盐、料酒、白胡椒粉和干淀粉，顺时针搅打均匀。

4 平底锅中加油，开中小火，不用等油热，手上拍点水，取 2 勺虾肉糊在手中团成球，放入锅中，轻轻按压成小饼。

5 一面煎至金黄后，翻至另一面，两面都煎至金黄就可以了。

芸丽这样做

♥ 虾饼中的蔬菜可以根据口味和季节调整，藕、笋等都很适合。

♥ 最好用鲜活的虾来现剥成虾仁。

田园虾饼

小朋友不爱吃蔬菜或蘑菇，就把它们通通剁碎和肉、虾等
混合在一起，不知不觉营养和好味道一起进了小肚子！

孩子爱吃的
胡萝卜

小时候我非常不爱吃胡萝卜，总觉得胡萝卜有种让我不能接受的怪味道，特别是熟的，简直难以下咽。可是学了那么多营养知识以后，确实明白了胡萝卜的营养几乎是其他蔬果无法替代的，于是开始吃，慢慢地也就习惯了。对于自己的孩子，我可不希望他再经历这么奇怪而痛苦的转变。于是从小婴儿时期开始就让他吃胡萝卜泥，吃软软的胡萝卜炖肉，每次喂他吃的时候我都表现出好想吃一口，跟他沾沾光的感觉，一旦他允许我尝一尝，我脸上的表情都像是吃到了天下最美味的食物。这种奇怪的洗脑方式竟然奏效了，儿子不仅没有对胡萝卜产生任何抵触，每次都吃得津津有味，还经常提出建议："妈妈，咱们吃胡萝卜吧！"我每每被自己的招数感动得想掉眼泪，想想其实是有道理的，父母对食物的态度能在很大程度上影响孩子，不仅仅是说教时的胡萝卜有营养云云，更会体现在父母的行动之中，哪怕是吃下去时的一个小表情都能被孩子抓住，进而决定了他对这种食物的好恶。现在我不会为孩子是否吃胡萝卜感到烦恼，自己也对胡萝卜产生了极大的好感，这是能为全家带来营养的食材，也是儿子喜欢的食物，他喜欢，我们全家自然也会喜欢，美好的感觉可以相互传递，而且在传递的过程之中递增。

> 儿子不仅没有对胡萝卜产生任何抵触，每次吃得津津有味，还经常提出建议："妈妈，咱们吃胡萝卜吧！"

胡萝卜的营养

胡萝卜的营养应该说不尽吧！丰富的 β- 胡萝卜素和维生素 A 是广为人知的营养素。值得一提的是，儿子小时候每到夏天必得湿疹，大人害怕那些膏药中含有各种激素，能不用就不用，家里老人建议给孩子吃一根量的胡萝卜泥，真的颇有效果，老人说不出道理，我就兴奋地去查书，原来在中医理论中，胡萝卜有清热解毒、透疹的作用，实在是长了见识。正因为如此，对于大人，胡萝卜也有美容嫩肤的功效呢！对于妈妈的体寒，胡萝卜作为热能量食材也能够促进血液循环，增加胃肠蠕动，给身体带来更多热量。而且胡萝卜的膳食纤维能够给身体带来饱腹感，也是减肥的利器！

胡萝卜的烹饪

一定要记得胡萝卜中的营养物质之一是 β-胡萝卜素，这种元素在接触动物油脂后才能得到最大程度的释放，所以胡萝卜熟吃比生吃更好，做熟的过程中加入油脂更好，和肉一起做熟了再吃效果最好，β-胡萝卜素也最容易被人体吸收。把胡萝卜榨成汁固然不错，但是可能浪费了胡萝卜的膳食纤维，多少有些可惜。建议多种方法一起使用，让每一根胡萝卜都没有白白来到这世界一趟就是对大自然最大的回馈啦！

 食材 胡萝卜 1 根
土豆 1 个
绿菜椒 1 个

 辅料 生抽半勺 (约 7ml)
料酒 1 勺 (约 15ml)
八角 2 枚
大葱切碎末 (约 5g)
油 2 勺 (约 30ml)

1   2   3   4

1 胡萝卜、土豆分别洗净刮去外皮，切成指头大小的丁。绿菜椒去蒂去籽，
也切成相同大小的丁。

2 小火烧热锅中的油至三成热，放入八角，慢慢煲出香味，再放入葱花煸炒。

3 出香味后，下入胡萝卜丁翻炒。待胡萝卜丁全部裹上油以后，再倒入土
豆丁翻炒。

4 这时烹入料酒和生抽翻炒均匀，之后加入少许热水，加盖焖一会。加水
的原因是因为土豆和胡萝卜不太容易熟。

5 待锅内水分吸干后，加入绿菜椒丁，翻炒几下加盐调味，炒匀后关火，装盘。

芸丽这样做

♥ 做这道菜八角必不可少，八角的味道让这道炒三丁有了一种浑厚的香味，
令人食欲大开。

♥ 土豆和菜椒还可以用藕、秋葵等代替。

炒三丁

虽然只是特别家常的食材，但组合起来却能给人多样的视觉和
味觉体验，最适合小朋友自己用勺与白粥一起吃啦！

胡萝卜炒蛋

炒熟的胡萝卜有股清甜，配合炒蛋的香气，加上橙色、黄色和绿色的搭配，格外吸引小朋友。

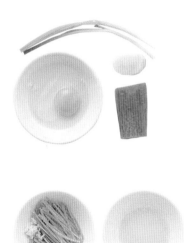

 食材 胡萝卜 1 根
鸡蛋 1 枚

 辅料 小葱 2 根
姜 1 小块
油 2 勺（约 30ml）
盐 1 小撮（约 3g）

1　2　3

1　胡萝卜洗净刮去外皮，切成细细的丝。鸡蛋在碗中打散，用筷子头蘸一点盐调味拌匀。

2　小葱择洗干净切成 3cm 左右的段，姜切粒。

3　中火烧热锅中的油（1 汤匙）至六成热，倒入蛋液，待蛋液稍稍凝固后用筷子划散，翻炒均匀盛出。

4　炒锅重新倒入油（1 汤匙），中火烧至六成热，下姜粒爆香后捞出不要，然后下胡萝卜丝炒至断生，重新放入炒碎的鸡蛋，翻炒均匀。

5　出锅前加盐调味即可。

芸丽这样做

♥ 胡萝卜丝切得细一点，这样比较容易炒软入味。

♥ 绿色的蔬菜属于点缀，但又不可少，香葱、韭菜都可以。

 食材　胡萝卜2根
面粉30g
鸡蛋1枚

 辅料　香葱2根
盐1小撮（约3g）
五香粉半勺（约6g）
油500ml（实耗30ml）

1

2

1 胡萝卜洗净刮去皮，擦成细丝，撒盐腌20分钟。小葱切成葱花。鸡蛋打散。

2 胡萝卜腌软后挤去其中的水分，加入葱花、蛋液、五香粉搅拌均匀，再筛入面粉，用手抓拌均匀成糊状。

3 炸锅中倒入油，中小火烧至五成热，用勺舀起调好的糊，做成球状，放入油锅中炸，2分钟后用筷子翻一下，炸至金黄色浮起，捞出沥油。

4 依次将面糊全部制成丸子炸好。

芸丽这样做

♥ 如果小朋友喜欢吃肉，还可以在其中加入半肥半瘦的肉馅，味道也不错！

♥ 直接吃的话可以复炸一遍，口感会更酥脆。另做烩丸子时，先用高汤煮蘑菇、蔬菜，最后再放炸丸子就好。

素炸胡萝卜丸子

炸好的胡萝卜丸子外焦里嫩，有胡萝卜的香甜，
既可以直接吃，也可以另做烩丸子。妈妈厨房出品，干净又卫生！

孩子爱吃的
牛肉

外国人为什么那么壮实？既是因为他们的体质和我们不同，也因为他们的饮食习惯和我们不同。如果一个孩子从小就以肉食为主，他多半就会比从小吃菜的孩子抵抗力更强，当然得心脑血管疾病的概率也更大。我们这些做父母的每天绞尽脑汁，各种思考和比较，想的就是如何让孩子更健康，更优秀。所以我最后决定既保持我们中国人的传统习惯，让孩子更杂食一些，又相对增加他吃牛肉的次数。

牛肉最简单的做法就是做成煎牛排，我总会在工作忙碌到没有时间多考虑做饭的时候，到超市买一块牛排，腌20分钟，煎3-5分钟就出锅，配上水煮好的胡萝卜、西蓝花就是一顿能让孩子吃得很美的大餐了。当然计划好想偷懒的时候，我会提前买好牛排，腌好后用保鲜膜裹好放进冰箱第二天煎制。牛排的煎制固然重要，我更重视调汁，最开始是买好黑椒酱直接浇上了事。后来自己琢磨出了更美味的调味汁：用刚煎好牛排的锅，利用牛肉煎出的汁水，加上黑椒酱、蚝油和白胡椒粉，烧一会儿直接浇在牛排上就完工了。对于不能吃辣的孩子，还可以用西红柿、洋葱粒、五香粉、白糖、黄油及叉烧酱一起烧制，也能做成一份香香的大餐。其实孩子对于牛肉的喜爱一般基于两个条件，一个是能嚼烂，

一个是没有膻味，所以不论牛肉怎么做，满足这两个
条件的话，孩子一般都爱吃。

牛肉的营养

牛肉属于高热量食品，很适合生长发育中的孩子食用。我记
得自己小时候总会嫌牛肉有膻味，不爱吃，后来从酱牛肉开始能
够接受，慢慢地就全部都接受了。给孩子吃牛肉也应该趁早，让
他吃到美味的牛肉，培养出对牛肉的兴趣，才能保证营养在需要
的时候被身体吸收采纳。

用刚煎好牛排的
锅，利用牛肉煎
出的汁水，加上
黑椒酱、蚝油和
白胡椒粉，烧一
会儿直接浇在牛
排上就完工了。

牛肉的烹饪

听说过一个辨别牛排成熟度的小技巧，把手放平，手心朝上，摸摸大拇指指
根下的胖肉肉，中医称为大鱼际，这个柔软度就是一成熟的触感；拇指与食指捏住，
这时大鱼际的硬度就等同于三成熟的牛排硬度；当拇指与中指和无名指分别捏在一
起，大鱼际的硬度即表示五成熟和七成熟，最后当拇指与小指捏在一起后，大
鱼际的硬度就是十成熟牛排的硬度啦。这个方法可用于煎牛排，当然牛肉总是会
越煮越烂，我曾试过用家里的焖烧锅炖了一夜牛排，口感相当好，孩子也为能轻
易嚼得动大块牛肉感到欢欣鼓舞，成就感十足，为了孩子，各种方法都值得一试。

食材 鸡蛋 2 枚
牛腩 500g
西红柿 2 枚
土豆 1 颗

辅料 洋葱半只
香葱 (打成结) 6 根
冰糖 10g
盐 5g

生抽 1 勺大 (约 15ml)
油 1 勺 (约 15ml)
老姜片 2 片
香葱粒少许

1

2

1 把牛腩肉洗净并沥干水分，切成 2-3cm 见方的方块。西红柿洗净后放入
开水中余一下，撕去表皮，去蒂，切成 3-5 厘米见方的大块。土豆削皮，
切成小块，浸泡在水中防止氧化。洋葱剥去外皮，切成小片。

2 牛腩肉放入煮锅中，加入足够的冷水，移至大火上，烧开后继续余烫 5-8
分钟，倒掉汤汁，捞出牛腩肉块，用热的流动水冲去杂质。

3 大火加热炒锅中的油，放入香葱结、老姜片和洋葱片炒出香气。然后放
入西红柿炒软。

4 把锅中的香葱结和姜片挑出，加入牛腩块煸炒至表面收紧，加入切好的
土豆块。

5 调入生抽，倒入可以没过锅中食材的热水（大约 2400 毫升），调入盐
和冰糖，改大火煮沸后转小火煮 2 小时。

6 然后改大火煮沸 2 分钟，至肉烂汁浓即可。上桌时可以点缀香葱粒或香菜、
青蒜等。

芸丽这样做

♥ 用冷水煮一遍牛肉的作用是去除血水和杂质，这样牛肉不会因为水温的变
化而变紧，影响口感。

♥ 如果要节省时间也可以用高压锅来做，需要注意的是西红柿和土豆要等牛
腩压好了再放入，然后再压 10 分钟左右即可。

番茄牛腩

小朋友喜欢一切和番茄有关的食物，
所以这道番茄牛腩也不例外，可能是因为有了番茄的加入，
硬朗的牛肉也变得软嫩了。

卤牛腱

自家做卤牛腱方法简单，用料实在，
而且容易保存，赶快学起来吧。
卤好的牛肉切成片，夹在表面酥酥的，
芯子软软的烧饼里，
再挑嘴的孩子也爱吃。

 食材　牛腱肉 1 条
（约 1000g）

 辅料

生抽 40ml　　香叶 2 片
老抽 5ml　　桂皮 1 根
冰糖 20g　　草果 1 个
八角 3 枚　　陈皮 1 片
花椒 2g　　姜 1 块（约 20g）
干红辣椒 2 个　大葱 1 根

1　　　　　　　　2　　　　　　　　3

1 用流动的水洗净牛腱肉表面的杂质，然后把整条牛腱肉放在凉水锅中大火煮。煮沸后把血沫捞出，边煮边捞，10 分钟左右，肉中的血水就可以清洗干净了。捞出肉块沥干水分。大葱切成段，少部分切成丝；姜切丝。

2 牛腱放入汤锅中，加入足量热水至完全没过肉块，加入所有辅料。

3 盖上盖子大火烧开，然后调小火慢炖 1.5 小时，之后揭开锅盖大火炖 15 分钟，使肉块均匀入味。如果要味道更浓郁一点，可以先不捞起，放置一晚上。

4 捞出牛腱，放在铁网架上沥水，自然晾凉。牛腱彻底放凉后表面发紧，就可以切片了。切片的时候应该逆着肉丝纤维的方向，切成薄片装盘。

芸丽这样做

♥ 购买牛腱时要选择个头中小型的，太大的牛腱由于牛筋分布较散，纹路不够漂亮，卤制时也不容易入味。

♥ 牛腱不应该煮得太软太烂，有足够韧性才能切出完整漂亮的肉片。

 食材 牛腩 500g
白萝卜 250g
胡萝卜 250g

 辅料 姜片 2 片
八角 1 枚
香叶两片
花椒 5 粒
老抽 1 勺（约 15ml）

料酒 1 勺（约 15ml）
盐 1 小撮（约 4g）
冰糖 1 小把（20g）
油 2 勺（约 30ml）

1

2   3

1 牛腩肉切成 2-3cm 见方的小块后洗净并沥干水分。白萝卜和胡萝卜削皮切成小块。

2 牛腩肉放入煮锅中，加入足够的冷水，移至大火上，烧开后继续余 5-8 分钟，倒掉汤汁，捞出牛腩肉块，用热的流动水冲去杂质。

3 锅热后倒少量油，待油温烧到七成热时，放余过的牛腩煸炒。加入姜片、八角、香叶、花椒炒匀。

4 炒出香味后，烹入冰糖和料酒炒匀。再倒入老抽令牛腩均匀裹上色。加入可以没过所有固体食材的水，大火烧开后，捞出浮沫，加锅盖转小火焖烧。

5 40-50 分钟后，牛腩烧至软烂，加入切好的萝卜块，继续焖 10-20 分钟，最后调入盐拌匀后大火收汁即可。

芸丽这样做

💗 红烧牛腩除了加萝卜一块烧之外，也可以根据自己的喜好加笋或者土豆。牛肉烧开后要用充足时间小火慢炖，才能软烂，不要心急。中途如果水分烧干，要加开水，不能加冷水。

💗 最后收汁的时候，根据自己的喜好来决定保留汤汁的分量，多留些汤汁的话可以用来拌饭，或者用来制作红烧牛肉面的拌面汁也不错。

红烧牛腩

每家处理牛肉的方法不一样，添加的辅料不一样，烧出的味道
也不一样，但这才是独一无二解馋的妈妈味道。

孩子爱吃的
鸡蛋

家里冰箱总会有一样食材是常备的，通常是鸡蛋。我的妈妈就经常在打开冰箱时默默地念叨"鸡蛋又要没有了"或者"明天要买鸡蛋了"，所以年幼时的我曾经以为让冰箱里的鸡蛋永不断货，是每个家庭的必修功课。后来等我自己做了妈妈才明白，那是因为只要有个鸡蛋，随随便便就能为孩子准备出还算不错的一餐。就算只有个鸡蛋炒饭或鸡蛋羹，也能满足小朋友的胃口。鸡蛋是真正的百搭，既能独自挑起大梁，又能和其他食材搭档，而且大多数孩子都很喜欢这个圆滚滚的家伙。最常见的当然是经典中的经典：番茄炒蛋、黄瓜炒蛋，其他还有很多组合，简直可以说是鸡蛋能够与一切食材一起料理。

很小的时候，因为生病，曾每天被要求吃两个水煮蛋，不知是因为鸡蛋太大还是我当时人太小，总觉得自己被两个水煮蛋塞得满满的，就是这段经历，弄得我有一段时间提鸡蛋色变，后来是老爸的糖醋荷包蛋拯救了鸡蛋在我心中的地位，现在也会把它介绍给我的孩子，不出所料，这种带着酸甜口味的鸡蛋料理也成为我家"小爷"最爱的蛋菜。除了糖醋荷包蛋，还有一种做法，大多数孩子都不会拒绝，那就是鸡蛋羹。不过对于我家的完美主义小朋友来说，鸡蛋羹绝对不能有一个气泡，关于这点，我可是有秘诀的，所以，对他来说，要吃蛋羹，可不是普通的蛋羹，必须是叫作"完美鸡蛋羹"的蛋羹。

鸡蛋的营养

鸡蛋，这个从我们很小就开始进入食谱的食材，被普遍认为是最优质的蛋白质来源之一，由于它所含蛋白质的组成与人体极为相似，所以吸收率高达 98%。上学时曾经流行过这样的小玩笑，考试前一定要吃的早餐组合是油条加双蛋，这样才会向 100 分的好成绩靠拢。之所以这么说，大概也和鸡蛋中富含蛋白质、卵磷脂这些补脑元素相关吧。同样也是为了讨个吉利，人们更偏爱红皮鸡蛋，但实际上红皮蛋的营养并不比白皮蛋更强，如果非要比较，也只是蛋壳更厚一点而已。此外，普通鸡蛋和柴鸡蛋在营养价值上区别也不大，只是柴鸡的食谱里会有小虫这道菜，所以柴鸡蛋的脂肪含量更高，因此香味也更浓一些。

对于我家的完美主义小朋友来说，鸡蛋羹绝对不能有一个气泡，关于这点，我可是有秘诀的，所以，对他来说，要吃蛋羹，可不是普通的蛋羹，必须是叫作"完美鸡蛋羹"的蛋羹。

鸡蛋的挑选

其实，一枚鸡蛋新鲜与否比它的出身更加重要，在别的领域，资深二字应该是颇受欢迎的，可作为一枚鸡蛋，冠以资深二字就意味着无人问津了。一枚新鲜的蛋，蛋黄滚圆高挺，蛋清清澈黏稠，如果摊在锅里，可以发现蛋清也分为两部分，黏稠的部分呈一个圆形，还有一些清澈的黏液状蛋清游离在外。蛋黄上有一个小白点，那就是胚珠，还有一条白色的像棉线一样的系带。越新鲜的鸡蛋，系带越清晰，如果这条"白棉线"已经变得很短很不清晰了，那就说明这是一枚资深老蛋了。

 食材　鸡蛋 2 枚
　　　　猪肉末 200g

 辅料　香葱 2 棵　　　　　　　　　盐少许（约 3g）
　　　　白胡椒粉 1 小撮（约 3g）　　油 1 勺（约 15ml）
　　　　绍兴黄酒 2 小勺（约 10ml）　水淀粉 1 勺（约 15ml）
　　　　生抽 1 勺（约 15ml）　　　　干淀粉约 5g
　　　　芝麻香油数滴
　　　　白砂糖 1 小勺

1

2

3

4

5

6

1 香葱洗净切碎，把葱白部分放入猪肉末中，调入绍兴黄酒、生抽、白砂糖、盐、白胡椒粉、芝麻香油和生粉，用少量多次的方法加入少许水，沿顺时针方向搅拌上劲，直至肉馅起胶，筷子插入不倒。

2 鸡蛋打散，加入水淀粉搅拌均匀，调入少许盐。

3 平底锅底部抹一层油，用中小火加热至四成热，倒入少量蛋液，轻轻摇晃锅子，让蛋液在锅底形成一层蛋皮，待蛋皮凝固。边缘起翘，轻轻揭起蛋皮翻面再烘片刻放在案板上备用。

4 取一张蛋皮，在蛋皮上均匀地抹上一层肉馅，然后卷紧成一个蛋卷。逐个把所有蛋皮和肉馅都卷好，放入已经上汽的蒸锅中大火蒸 8 分钟，出锅后切段再撒上葱花即可。

芸丽这样做

♥ 煎蛋卷皮时蛋液要适量，不要太多，否则蛋卷皮太厚反而不容易卷肉馅。也可以在肉馅中加些孩子爱吃的蔬菜，量不要太多，否则做好的蛋卷容易松散。

♥ 煎蛋卷最好使用不粘锅，先加热再涂油，第一张也许不容易成形，会越煎越完美的。

葱香鸡蛋卷

小小的鸡蛋卷将营养和美味卷起来，
小家伙多少会给些面子。

蒸鸡蛋羹

无气孔，极嫩滑，一碗完美蛋羹轻松抚平孩子心灵的皱褶，
亦饭亦菜亦点心，暖暖吃罢，全力投入新的玩耍。

 食材　鸡蛋 2 枚

 辅料　凉开水 200ml
干淀粉 1g
盐 2g
蒸鱼豉油 5ml
香葱末少许

1

2

3

1 两枚常温生鸡蛋磕入大小合适的碗里，加盐一起打散。缓缓注入相当于鸡蛋液 2 倍量的凉开水和少量干淀粉（用筷子头蘸上少许即可）再次充分搅打匀，盖上碗盖（平盘或蒙紧可以加热的那种厚保鲜膜）。

2 蒸锅上蒸汽后，把装好蛋液的碗在蒸锅中隔水蒸 15 分钟。关火后不揭开锅盖，焖 5 分钟再出锅。上桌前打开碗盖（或揭开保鲜膜），在蛋羹表面淋蒸鱼豉油，缀以香葱末。

芸丽这样做

♥ 想自己在家蒸出完美鸡蛋羹并不难，只要掌握以下要点：凉开水和蛋液的比例为 3:1。一定要使用沸腾过又放置成常温的凉开水来冲调蛋液。干淀粉可以帮助鸡蛋羹定型，只少许即可。加碗盖或保鲜膜是为了让蛋液处于相对闭的空间凝固，而不被蒸锅偶尔滴下的蒸汽打扰。最后蒸锅加锅盖焖 3-5 分钟是为了令鸡蛋能够在安静的环境中更加充分地凝固成形。

♥ 小时候妈妈做的蛋羹还会放几枚浸泡过的小海米提鲜，值得一试。抑或有孩子爱吃肉，也可以在蒸好的蛋羹表面铺一层酱油炒好的肉糜，就不用另放蒸鱼豉油了。

♥ 成品蛋羹上也可以不淋蒸鱼豉油，用少许酱油和几滴芝麻香油代替，一样鲜嫩可口。

♥ 刚出锅的蒸蛋羹看起来不太热，其实很烫，一定注意多放一会儿，到温度适宜再让孩子食用。

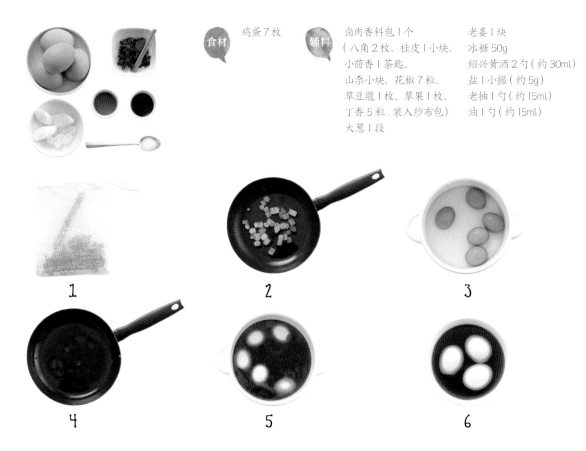

食材 鸡蛋 7 枚

辅料 卤肉香料包 1 个
（八角 2 枚、桂皮 1 小块、
小茴香 1 茶匙、
山柰小块、花椒 7 粒、
草豆蔻 1 枚、草果 1 枚、
丁香 5 粒，装入纱布包）
大葱 1 段

老姜 1 块
冰糖 50g
绍兴黄酒 2 勺（约 30ml）
盐 1 小撮（约 5g）
老抽 1 勺（约 15ml）
油 1 勺（约 15ml）

1. 老姜拍破，大葱洗净切段。所有干香料装入纱布包中备用。

2. 鸡蛋放入锅中，注入足够冷水中火烧开，加盖煮 10 分钟，捞出放入冷水备用。

3. 炒锅放入油和冰糖，用中火加热至冰糖融化呈金棕色，注入 1l 沸水，然后加入大葱、老姜、绍兴黄酒、老抽、盐，投入香料包煮开。

4. 鸡蛋去皮，放入卤汤中小火煮 20 分钟即可。

芸丽这样做

♥ 鸡蛋放入卤汤中继续加热的方法称之为热卤，如果想要得到蛋清 Q 弹的口感，可以煮 20 分钟熄火然后继续浸泡至隔夜，然后再煮一次，这样反复煮使得蛋清收缩，更加 Q 弹。如果只是把剥皮的鸡蛋放入卤汤中浸泡而不再煮沸的话，称为冷卤，用冷卤的方法可以卤制溏心卤蛋。完美的溏心鸡蛋的煮法，是把室温鸡蛋放入沸水中煮 6-7 分钟（视鸡蛋大小而定），捞出放入冷水浸泡。

卤蛋

百搭，可配馒头花卷，也可配吐司面包。
忙碌的早晨从冰箱里捞出一枚，就是完美的配角。

孩子爱吃的
排骨

孩子们的口味真是一人一个样,有见肉就上的自然就有对肉无感的,比如我家小朋友。但有一种肉,他是不会拒绝的,那就是排骨,而且一定要是我做的红烧排骨。说来有趣,一样都是肉,但带着骨头的肉和纯粹的肉相比,大多孩子还是更喜欢带骨头的,所以排骨经常在孩子喜欢的肉类食材中排第一名。小孩子大都是重口味,红烧排骨,酱排骨这类味道浓郁的排骨菜式都是最受欢迎的。对于妈妈们来说,红烧排骨也是可以让孩子多吃点蔬菜的法宝。一锅汤浓肉香的红烧排骨,可以加扁豆和土豆,或者加大白菜和豆腐,还有蘑菇和萝卜,哎呀,可加的食材太多了,每一样都好吃,太难取舍了。

我的红烧排骨配方是从我妈妈那里学来的,按照儿子目前对这道菜的迷恋程度,很有可能他以后也会从我这儿继承这道菜的菜谱,我当然更希望他也能把这道菜做给他的孩子吃,所谓家的味道就是这么代代相传的吧。作为母亲的我其实有个小心思,特别希望我做的某些菜对儿子来说是永远无法取代的美味,在他去闯荡自己的世界时,这味道将成为他对家的思念,就让这道红烧排骨,成为竞选这个角色的种子选手吧。

排骨的挑选

这里所说的排骨，指的是猪肋排，也就是猪的肋骨部分。这部分又可细分为肋排、小排等。猪肋骨下缘的部分肉多且嫩，而且骨头以软骨为主，这部分被称为小排，由于它不需要长时间的炖煮就很可口，最适合制作糖醋小排等菜肴。往上整齐的肋排部分，骨肉分明，适合红烧、烧烤等烹调方式。肋排的边缘挨着腔骨的部分，骨多肉少，更适合炖汤。至于挑选排骨，我的原则是首先要挑选商家，在合格的商家处购买排骨才能放心。好排骨表面应该比较干燥，粉红色的肉色非常自然，摸起来应该略有些粘手才对，滑溜溜的应该是已经浸过水了，一来不便于保存，二来也影响口味。

对于妈妈们来说，红烧排骨也是可以让孩子多吃点蔬菜的法宝。

排骨的烹调

排骨和肉的最大区别就是有骨头，这可不是废话，正是因为有骨头，所以它的烹调方法自然会因此而变。炖煮是最常见的做法，长时间的炖煮让排骨的肉和骨头将离未离，骨头中都吸满了汤汁，这时候是最美味的时候。烤排骨也很受孩子的欢迎，一方面因为没有什么汤汁，所以味道显得更加浓厚，另一方面，烤排骨在撕咬的时候更过瘾，"小野兽"们也会喜欢。炸排骨固然美味，但油炸对小朋友们来说负担还是太大，还是少吃为妙。排骨煮汤，既美味又营养，而且还比较好消化，孩子胃口不好又需要补充营养时可以考虑。

锡纸包排骨

用锡纸包裹排骨再烤，排骨嫩滑多汁，
味道有点咸有点甜，也是小朋友喜欢的口味。

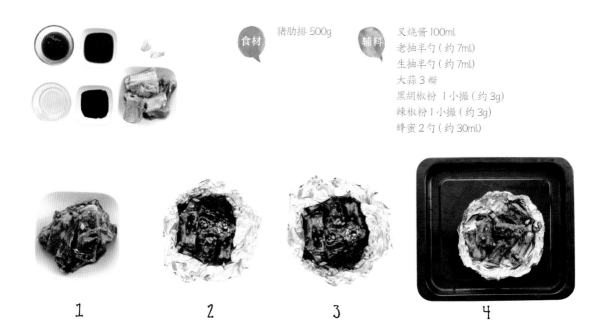

食材 猪肋排 500g

辅料 叉烧酱 100ml
老抽半勺（约 7ml）
生抽半勺（约 7ml）
大蒜 3 瓣
黑胡椒粉 1 小撮（约 3g）
辣椒粉 1 小撮（约 3g）
蜂蜜 2 勺（约 30ml）

1 猪肋排洗净沥干水，斩成 6cm 左右长的段，放入一个大碗中，加入叉烧酱、老抽、生抽、大蒜碎、黑胡椒粉、辣椒粉和蜂蜜，搅拌均匀腌制约 1 小时。

2 烤箱上下火 180 摄氏度预热。

3 取一大张锡纸，腌好的猪肋排放在锡纸上，并用锡纸把猪肋排包裹好。

4 锡纸包好的猪肋排放在烤盘上，移入烤箱中，烘烤烤制 15 分钟。

5 取出烤盘，用剪刀小心地将锡纸剪开，露出中间的肋排，此时猪肋排会渗出少许水分，可将余下的腌料酱汁涂抹在猪肋排上。

6 将烤盘再次放入烤箱中，继续烤制 15 分钟即可。

芸丽这样做

♥ 叉烧酱可在大型的超市中购得。叉烧酱颜色为深红色，酱汁质感比较黏稠，是制作叉烧肉必不可少的调味料之一。使用叉烧酱烹调出的肉食颜色鲜艳酱红，吃起来口感中带有香甜的蜜糖味道。

♥ 为了更入味，也可以提前一晚把排骨在密封盒里腌上，放在冰箱中冷藏。

 食材 猪肋排 300g
糯米 150g

 辅料 盐 5g
干淀粉 10g
生抽 20ml
料酒 2 勺（约 30ml）
鲜粽叶 6 张

1

2

1 将肋排斩成约 3cm 长的段，洗净沥干，加入盐、干淀粉、生抽、料酒，拌匀后放入冰箱冷藏 3 小时以上，腌制入味。

2 糯米淘洗干净后加水浸泡约 3 小时以上，泡好后捞出沥干。

3 鲜粽叶用流动的水冲洗干净，剪去头尾，待用。

4 把适量的糯米铺在粽叶的一头，放上腌制好的排骨，再撒上适量糯米后向内卷起，如图示卷成卷。

5 把卷好的糯米排骨卷移入蒸锅的蒸屉，盖严锅盖，开大火，上汽后转中火蒸约 50 分钟就可盛盘啦！

芸丽这样做

💗 排骨一定要腌够时间，这样才能保证入味，也可以提前一晚腌上。

💗 鲜粽叶在超市中有密封包装的，常年可以买到。

💗 糯米使用长粒或圆粒的都可以。长粒更香，圆粒更黏。浸泡时间不低于 3 小时，也可以提前一晚泡上。

粽香糯米骨

用粽叶和糯米包裹着排骨，
清香不油腻，小朋友说："比粽子好吃哟！"

糖醋小排

酸酸甜甜的口味，小巧精致的身材，
色泽红润喜人，汁浓味道醇香，
我们小时候它是诱人的大菜，
现在也一样讨小朋友的欢心。

食材 肋排 400g

辅料 黄酒 1 瓶（约 500ml）
镇江香醋 40ml
老抽 40ml
白砂糖 30g
姜 4 片
葱丝 5g
油 300ml（实耗 30ml）

1. 排骨剁成约 4cm 长的小节，洗净沥水，用厨房用纸吸去表面水分，加姜片、葱花腌半小时。

2. 中火加热炸锅中的油至五成热，放入猪肋排，煎炸至金棕色、八成熟、两端露出猪骨后捞出沥油。

3. 另取一只炒锅，倒入油，先调入白砂糖，小火炒匀，待糖融化后呈红亮的糖色时，放入炸好的排骨，再调入老抽，炒匀。

4. 改大火，沿锅边倒入黄酒。再次沸腾时改中火，加上锅盖，焖 40-50 分钟。

5. 待小排焖到酥香，淋入镇江香醋，改大火收汁，轻轻顺时针搅拌（防止"骨肉分离"）。等汤汁收浓，每一块排骨上都包裹上糖醋汁，装盘即食。

芸丽这样做

♥ 在买肋排的时候要选择肋骨较细小的，这样成品口感细嫩，也会更精致。也可以请肉贩代剁排骨，告诉他自己准备做小排，以及希望得到的尺寸等。

♥ 其实自家制作糖醋小排也有一举两得的懒人方法：先把排骨用凉水加热汆出血水。另用煮锅加温水放入汆过的排骨和姜片，大火煮开再转小火煮 40 分钟。捞出排骨沥干水分，用油煎过后调入白砂糖、老抽和香醋调成糖醋汁。煮锅里的排骨汤还可以单喝或煮面条。

孩子爱吃的
莲藕

老一辈人喜欢用藕讨个好彩头：小孩吃藕早开窍，大人吃藕路路通，夫妻吃藕双双对。我家小朋友喜欢上吃藕竟然是因为藕的一个特别的部分——藕带。藕带是最嫩的未成熟的藕，在南方经常会有摊贩销售，买回家来洗净炒肉，家里的叫法是肉抱藕带。小朋友在外婆家吃过一次就喜欢上了，也因此爱上了藕这种蔬菜。他会细致地去研究藕的结构，藕各个部分在成长过程中的变化，甚至藕的周边相关知识。一种吃食能够引发他对植物和自然界这么大的兴趣，我真是想感谢老天爷，创造了这么神奇的世界，也创造了一个这么喜欢钻研神奇世界的儿子。我家的藕一般用作煲排骨藕汤，很少炒着吃，因为我个人更喜欢粉面的感觉。为了儿子的兴趣，我也找了不少藕的做法，甚至上超市买了藕粉大家冲着吃。这才发现，藕真的很有趣，桂花糯米藕、山楂藕丝、清炒藕片、炸藕盒、糖藕稀饭、猪肉藕丁馅饺子以及排骨藕汤中的藕的形态完全不同，目视的感觉、口感和食用后的感觉也是完全不同。类似的食材似乎不多，就像是一个好演员，演什么像什么，虽然演什么你都喜欢，但是你又能在心里确定，这些角色都是完全不同的，而你同时也能够确定，这些角色都是他一个人演的，真的好神奇！孩子爱吃，大人当然很欣慰，但是藕

的属性比较凉，虽然在南方，藕是可以洗干净直接拿着啃的，也有吃莲藕通气行水的说法，据说对于流鼻血有特效，但是给孩子，我建议还是应该做熟之后再吃，越熟烂越稳妥。当然万事有特例，立秋之后吃莲藕就可以解秋燥，内火很旺的男孩子生吃熟吃都有好处，想来那些儿子经常流鼻血的妈妈们会特别有同感吧！

莲藕的营养

藕的营养根据位置的不同是不同的，藕头和副芽非常鲜嫩，但是属性寒凉，脾胃不好、拉肚子的孩子不可以吃；而最厚的藕身是营养最丰富的部分，煮熟或炒熟后就能变成温和养胃的性质，最适合孩子食用；尾部最长的后把，因为生长期已经很长，质地过老，没有单独食用的价值，一般都会被用来做糯米桂花藕，物尽其用，大人孩子都喜欢。

莲藕的挑选

莲藕分为煲汤用的粉藕和炒菜凉拌用的白藕两种。煲汤用的需要越面越粉越好，炒菜和凉拌用的则追求脆脆的口感。面藕一般都是短粗个头大的圆圆的胖藕，表皮上有黑点，好像雀斑，颜色也比较黑，看来有雀斑的黑胖子在各种情况下都是温柔的。而脆藕则漂亮得多，身材苗条，皮肤白皙，当然要特别注意那种非常白的，可能是经过化学药水处理过的。还有一种说法值得参考，就是打开藕头数一数，七孔的藕是面藕，九孔的藕就是脆的，这个说法虽然不能完全与实际相符合，在买菜的时候试一试也无妨。

我家小朋友喜欢上吃藕竟然是因为藕的一个特别的部分——藕带。藕带是最嫩的未成熟的藕，在南方经常会有摊贩销售，买回家来洗净炒肉，家里的叫法是肉抱藕带。

食材 莲藕 1 节
肋排 300g

辅料 姜 3 片
黄酒 1 勺 (约 15ml)
香葱 1 根
盐小半勺 (约 6g)

1

2   3

1 肋排斩成约 5cm 长的段，剔去多余的油脂和血块，用流动的水冲洗干净。

2 把洗净的排骨放入凉水锅（保持细嫩口感，避免忽然遇热肉质收紧），加热氽出血水。再用热水反复冲洗几次。

3 莲藕洗净去皮，切滚刀块。香葱切葱花。

4 处理好的肋排放入已装了适量温水的汤锅内，加入姜片、黄酒和足量的水，大火煲煮 20 分钟。

5 放入切好的藕块，大火煮开后转小火，保持微沸的状态，继续煲煮 1 小时左右。

6 熄火后加入盐和香葱花调味。

芸丽这样做

♥ 藕最好选择两端带藕节的粉藕，这样的藕孔洞中比较干净，藕口感粉糯。盐在离火前加就可以了。

♥ 煲煮汤时最好选用保温性能好的砂锅或铸铁锅，水量要一次加足，保证原汁原味。

莲藕排骨汤

天气冷的时候，我喜欢为孩子和家人煲一锅莲藕排骨汤，热腾腾的气息飘满厨房，想象着孩子嘟着小嘴喝汤的模样，温暖无比。

炸藕夹

藕夹在我们小时候可不是平日能享用到的，通常是大人们准备年货时用大油锅集中炸出一批。现在的小朋友幸福多了，只要喜欢，天天过年！

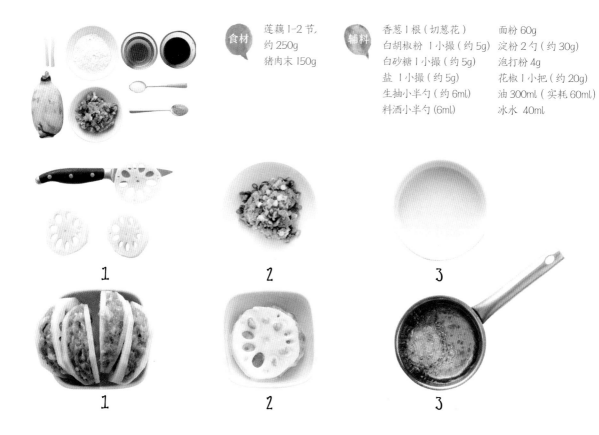

食材 莲藕 1-2 节，约 250g
猪肉末 150g

辅料 香葱 1 根（切葱花）
白胡椒粉 1 小撮（约 5g）
白砂糖 1 小撮（约 5g）
盐 1 小撮（约 5g）
生抽小半勺（约 6ml）
料酒小半勺（6ml）

面粉 60g
淀粉 2 勺（约 30g）
泡打粉 4g
花椒 1 小把（约 20g）
油 300ml（实耗 60ml）
冰水 40ml

1. 藕洗净用削皮刀刨去表皮，切掉藕节后从一端开始每间隔约 0.5cm 切入一刀，第一刀切至 3/4 处，第二刀切断，如此重复，把藕切成夹刀片。

2. 香葱洗净切末，放入猪肉末中，加入料酒、白砂糖、白胡椒粉、生抽，搅拌均匀，然后逐次加入少许水，并按一个方向不停搅拌，直到水分完全吸收，最后调入一半盐。

3. 把面粉、淀粉、泡打粉放入碗中，加入冰水搅拌成浓稠的糊状，筷子放入糊中再提起时，面糊应该呈细线状流下。

4. 夹刀片藕片轻轻分开，在藕片中间加入适量馅心，轻轻压一下藕片，制成生坯。

5. 中火加热炒锅中的油至六成热，逐个在生坯上均匀地裹上一层脆皮糊，迅速放入油中炸至金黄。

6. 花椒放入一个干净炒锅，用小火一边加热一边翻炒，直至微焦并散发香气。将花椒放在案板上用擀面杖擀压成碎末，放入碗中加入剩余的盐拌匀，与藕夹同时上桌。

芸丽这样做

♥ 藕夹根据所夹馅料的不同，口味也不同，常见的还有鸡肉馅、虾肉馅等。但比较普遍的做法是将猪肉末经过调味后夹入藕中，裹上面糊炸制，最后配以椒盐等调味料。

♥ 为了口感更加酥脆，也可以在八成热的油锅中复炸一次。

 食材　莲藕1小节（约150g）
猪里脊60g
现剥毛豆仁30g

 辅料　大蒜1瓣
生抽1勺（约15ml）
老抽几滴（约5ml）
干淀粉半勺（约10g）
料酒1勺（约15ml）
盐2g
油2勺（约30ml）

1

2

3

4

1 猪里脊切小丁，加干淀粉、料酒、生抽大半，抓拌均匀，静置10分钟，腌制入味。

2 莲藕洗净刮去皮，切丁，放入清水中浸泡，炒之前捞出沥水。毛豆仁放入滚水中汆至断生。蒜切末。

3 大火烧热锅中的油至六成热，放入肉丁滑炒至变色熟透，盛出。

4 炒锅中放入蒜末炒香，下藕丁，加入剩余生抽、老抽翻炒，加入2汤匙水略焖。

5 将肉丁重新倒入锅中，再加入汆好的毛豆翻炒，加盐调味出锅。

芸丽这样做

♥ 切好的藕丁先冲去淀粉再放入清水中浸泡，这样炒好的藕丁更清爽利口。

♥ 如果没有现成的猪里脊，可以试试用午餐肉切成小丁来炒制这道菜，更快速，也更香糯好嚼。

炒藕丁

虽是家常小菜，但小朋友爱它的丰富口感，
莲藕脆、毛豆糯、肉丁香，是好看好吃的下饭菜。

孩子爱吃的
莴笋

莴笋有个好听的学名,叫莴苣。因为我家小孩很喜欢格林童话中的《莴苣姑娘》,我在自家花园里给他种了一排莴笋。真有趣,它们长得那么快,显得那么油亮而活力十足,一下子就把旁边的什么大葱、辣椒、罗勒都比下去了,难怪那个怀着莴苣姑娘的馋嘴妈妈都控制不了自己,莴苣身材高大,玉树临风,绝对是装点花园的最佳选择!儿子最喜欢看着我给莴笋"脱衣服",用刀切开小口,嚓地向下一扒,一下就脱到了底,每个观众都感觉很爽快,每每此时就是我们闲聊的亲子温馨时光。莴笋叶子可以焯水后用豆瓣酱快炒,是初夏时节里一道带着家乡味道的小菜。莴笋更是可以焯水后凉拌、炒鸡蛋或者炒肉。经常羡慕日本的便当里有各种有趣的造型,我和儿子也乐于一起动手做上一做,我们的经验是焯熟的莴笋和胡萝卜是最优食材,无可替代。那些做蛋糕做饼干的模具在此时都能派上用场,他用模具把莴笋塑出小熊、大树、小鹿的样子,然后我用海苔点缀眼睛胡子,尽管学校里不需要带便当,但他参加活动的时候带去了几次就足以靓绝全场,各处投来的艳羡目光显然让他得到了极大的满足,因此他也爱上做饭,爱上吃菜,还自己发明了一些新奇的吃法,在朋友的家宴上获得了一致好评。比如莴笋拌菠萝,焯熟的莴笋丁和盐腌好的菠萝丁拌在一起,又简单又清爽,特别是朋友们看着一个小孩子把它做好端上桌时的表情,让做妈妈的心里别提有多得意了。我们母子俩暗暗自得的感觉,可真好!

莴笋的营养

莴笋带着一点点清淡的苦味，这最适合夏天，能够帮我们祛暑去火。不过现代人火气大，烧烤类、辛辣类都吃得太多，所以在各个季节，能吃一些莴笋都是有好处的。莴笋能够改善消化，消除水肿，补充人体所需的铁元素，是高血压病人的食疗佳品。但是据说如果吃多了莴笋可能会造成视力模糊，所以有眼疾的人应该注意，不要吃多。当然不论什么东西，我们都不应该吃过量，秉承着这个理念，做完全杂食的人，才会有健康和安乐。

笋叶子可以焯水后用豆瓣酱快炒，是初夏时节里一道带着家乡味道的小菜。

莴笋的保存

新鲜莴笋买回来，应该用报纸包起来放入冰箱冷藏，叶子和茎最好分别包，因为茎的存储时间能长一些，叶子应该尽快吃。如果完全不着急吃，还有一个方法：可以找个水桶，放入半桶清水，把几棵莴笋竖置其中，一周都能保鲜，叶片保绿，笋肉也保脆。另外，南方人喜欢把笋晒干切丁，装入瓶罐，吃的时候炒一下，和萧山萝卜干一起用一点辣椒酱点缀着炒更好，小菜下饭，味美无比，还带着水乡的惬意和悠闲。

食材 去皮莴笋 200g

辅料 花椒 1 撮
白芝麻 1 撮（约 5g）
盐小半勺（约 5g）
油 1 勺（约 15ml）

1

2

3

1 莴笋削去外皮，切成细丝，撒上盐在冰箱里腌 20 分钟，把渗出汤汁后沥干的莴笋丝装在盘子里。

2 白芝麻放在平底锅中用小火焙香。

3 锅中倒入油，放入花椒，用中火烧至花椒变黑出香味，捞去花椒，将烧热的油迅速浇在莴笋丝上。

4 最后撒上焙香的白芝麻，就可以吃了。

芸丽这样做

♥ 切好的莴笋丝用盐腌一下，可以使莴笋的口感更脆。如果想更清淡一点，也可以用芝麻香油代替烧热的油。

♥ 年龄太小的小朋友也许还不能接受花椒的麻，则调味品可以换作白砂糖、盐、香醋和芝麻香油调成的汁儿，直接凉拌莴笋丝就好。

炝拌莴笋丝

我家小朋友喜爱的纯蔬菜不多，拌莴笋丝算是其中之一。也许这份清新爽脆和他最喜欢的雨后青草地的气息一样美好吧！

莴笋红烧肉

莴笋吸饱肉汁，变得软嫩咸香，呈现出迷人的另一面。

 食材　去皮莴笋1段
约300g
带皮猪后腿肉300g

 辅料　蒜3瓣　　　　　　醪糟汁1勺（约15ml）
姜几片　　　　　　香葱1根切粒
花椒5粒　　　　　　油1勺（约15ml）
红糖小半勺（约5g）
酱油2勺（约30ml）

1　　　　　　　　2　　　　　　　　3

1　猪后腿肉切成约3cm见方的块。莴笋削去硬皮，也切成3cm左右的滚刀块。蒜、姜拍破备用。

2　锅中放水，大火烧开，猪肉块焯后捞起用厨房纸巾吸干水分。

3　锅中放油，大火烧至四成热后把猪肉块放入，煸炒到表面变硬变焦黄。

4　放入醪糟汁翻炒片刻后，加入水，再放入花椒、红糖和酱油煮开。

5　大约40分钟，焖煮至肉酥，放入莴笋，改中火一起煮20分钟，装盘后放香葱粒。

芸丽这样做

♥ 如果小朋友年纪太小不喜欢花椒的味道可以免去。

♥ 这道菜简单来说就是用红烧肉来烧莴笋块，同理，还可以试试用红烧排骨烧莴笋块、土豆块等等。

食材　莴笋 150g
　　　山药 100g
　　　干黑木耳 2 朵

辅料　白砂糖 3g
　　　盐 3g
　　　白醋 1 勺（约 15ml）
　　　油 1 勺（约 15ml）

1　　　　　　　　2

3　　　　　　　　4

1 黑木耳提前用温水充分地泡发，择洗干净，手撕成小朵。

2 山药刮去皮，对半切开，再改刀斜切成片，放在加有白醋的水中浸泡一会儿。莴笋削去外皮，对半切开，再斜切成片。

3 大火烧开煮锅中的水，分别放黑木耳和山药氽至断生，捞出沥水。

4 大火烧热炒锅中的油至七成热，放入莴笋片炒至变色，再放黑木耳滑炒，最后放入山药片，一起煸炒至熟透。

5 出锅前加盐调味即可。

芸丽这样做

♥ 山药切片后放在醋水中浸泡一会儿，可防止山药氧化变黑。另外，山药的黏液有致过敏的物质，粘上后会发痒，最好戴上厨房手套处理。

♥ 木耳可以一次多泡些，完全发好后沥干水分装入密封盒冰箱冷藏，可保存一周。

山药炒莴笋

清炒莴笋也不错，如果再加些山药和黑木耳，
口味和营养都会更丰富。

朋友带来了快餐店打包的薯条，和儿子两个人你一根我一根地迅速变成了死党，我家小朋友也从此不能自制地爱上了薯条。

土豆在我家的菜谱里从来只限于炒土豆丝和炖肉，而且也不常吃，因为我一直对各种快餐中的薯条满怀敌意，"沙发土豆"一词在我看来极尽贬低之能事，把那些吃薯条、薯片不知节制的人讽刺到极致。但是家里的这个孩子，怎么就对土豆那么爱呢？儿子第一次吃薯条是意外，朋友带来了快餐店打包的薯条，和儿子两个人你一根我一根地迅速变成了死党，我家小朋友也从此不能自制地爱上了薯条，无奈买了几次给他，次次都让他欢天喜地，比过生日还兴奋。可怜一个妈妈希望令孩子满意，又痛恨自己行为的纠结心理啊！油炸那么多热量！唉！认真分析一下，其实我对土豆本身并不反感，主要是觉得油炸食品的高热量太可怕，据说一只中等大小的土豆烤熟后的所含热量大约是几千卡，但是油炸后其热量能达到200千卡之多！好像老天爷对孩子确实关照，也是这个世界确实进步了。我了解到有一种叫作空气炸锅的"神器"，可以用少量油来炸制薯条。这可真是帮了大忙！把土豆切成粗条，泡水，蘸淀粉、洒点油，放进空气炸锅，20分钟后，一锅薯条就香喷喷地出炉了。孩子又进入了过节模式，自己准备好番茄酱，眼巴巴地看着薯条装盘，端到面前，那种幸福不能言表。我的一颗心算是放回了肚里。今后终于可以不用那么纠结了！谢天谢地！

土豆的营养

　　尽管我对薯条那么戒备，但细想一下，土豆还是有很多好处的食材。有个理论，说的是植物最有营养的地方都在根茎和种子，越多吃这些获得的大自然的精华越充分。土豆有丰富的膳食纤维，由于人的胃肠对土豆的吸收很慢，所以停留的时间长，饱腹感更强，而且非油炸土豆能够带走身体的一些油脂和垃圾，能够帮助清理肠胃。土豆所含的人体需要的各种营养物质非常全面，欧洲人称，人只要吃土豆和全脂牛奶就能活命，对此我虽然不敢恭维，但是也承认土豆是适合人体的食材，当然我依然认为不应该大量食用。

土豆的烹饪

　　我极度反感油炸，而我家小朋友又如此钟爱土豆，因此我开始研究土豆其他的做法，烤箱烤是比较轻松的；西式土豆泥由于里面需要放不少奶油和淡奶油，就不应该太常做；土豆蛋饼加入卷心菜粒、洋葱粒和火腿粒宝宝比较喜欢；港式土豆豆角焖饭也是好选择，其实我的宗旨就是少油，尽量低热量就好了。对于自己的坚持，目前我比较满意，宝宝没有长成没有腰的"土豆"。

食材 长圆形土豆 2 个　　辅料 盐 1 茶匙
番茄酱 2 汤匙
油 500ml（实耗 30ml）

1

2

3

1 土豆削去外皮，清洗干净，沥净水。

2 将土豆对半剖开，再改刀切成月牙形的角状，撒上盐拌匀。

3 中火烧热锅中的油至五成热，将切好的薯角放入锅中，保持中火，炸至
表面金黄，里边也熟透了，捞出放在厨房纸巾上吸油。

4 吃的时候可以蘸番茄酱，也可以直接食用。

芸丽这样做

♥ 土豆最好在炸之前再切，以免氧化。如果是新土豆，最好用厨房纸巾把表
面的水分吸干，这样炸的时候不会溅油。

♥ 如果有空气炸锅，可以在切好的土豆角表面用干淀粉和油涂一层，再撒盐，
用 180℃预热过的空气炸锅烹制 8-10 分钟（中间需翻面一次）

炸薯角

偶尔放纵一下也无妨，开心最重要，
薯角吃起来更过瘾！

土豆饼

平淡无奇的土豆丝，加上一点调味料，变一种形状，就能变化出不寻常的惊喜和美味！

食材 土豆 300g

辅料 干淀粉 10g
花椒粉 3g
盐 1 小撮 (约 5g)
油 2 勺 (约 30ml)

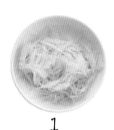  

1　　　　　　　2　　　　　　　3

1 土豆去皮清洗干净，用擦丝器擦成细丝。

2 刨好的土豆丝不用过水，直接装入大碗中，撒上干淀粉、花椒粉和盐，用手抓匀。

3 中火加热平底锅，抹油，用勺子放入适量土豆丝，用勺子背面压实，保持土豆丝的密度，也控制厚度，大约在两三层土豆丝以内。

4 用铲子轻轻把土豆丝压平、压实，保持中小火慢焙，等土豆饼单面定型再翻面。

5 把土豆饼的两面焙至金黄色焦脆，完全熟透，就可以出锅了。

芸丽这样做

♥ 土豆丝加入的干淀粉量以能使土豆丝表面保持干燥为宜，因为土豆丝会渗出水分。

♥ 土豆饼的外形多种多样，既可以做成丸子形再压成圆饼，也可以不羁地随意做成不规则的形状。只要保持厚度和密度就可以。

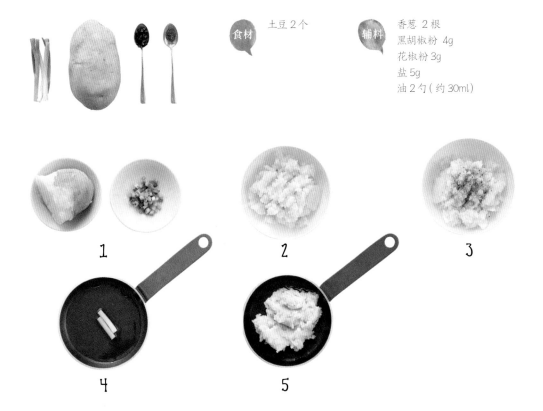

食材 土豆 2 个

辅料 香葱 2 根
黑胡椒粉 4g
花椒粉 3g
盐 5g
油 2 勺（约 30ml）

1 香葱清洗干净，切成葱花（少许）和葱段（炸葱油用）。

2 土豆洗干净后连着皮放到水里煮熟，判断土豆是否熟透了，可以用一根筷子扎一扎，如果很轻松就扎透了，就说明土豆已经熟透了。

3 把煮熟的土豆放到冷水里浸几分钟，等不烫手后撕去土豆皮，随意切成块。

4 把切好的土豆块放到一个大一点的盆里，然后捣成泥，再加入黑胡椒粉、花椒粉和盐拌匀。

5 炒锅入油，油热后放入葱段爆香，然后捞去葱段，放入拌好的土豆泥，翻炒。

6 把炒好的土豆泥用勺子盛入小盘中，撒上新鲜的葱花就可以了。

芸丽这样做

♥ 这道菜里的调味料可以根据小朋友的口味调整，比如可换去微辣的黑胡椒粉，加入孜然等，不用拘泥于辅料表。

♥ 装盘时可用冰激凌勺子挖出球形，或用小碗反扣出规则造型，会令孩子们惊喜噢！

老奶洋芋

洋芋是云南人对于土豆的称呼，
因为这道菜特别适合给老奶奶吃，
所以被称为"老奶洋芋"。

孩子爱吃的
五花肉

我小时候知道的菜名里没有叫五花肉的，所以对一些喜欢的菜，例如红烧肉、回锅肉、农家小炒肉并不太会形容，大概就知道那种肉是一条肥的一条瘦的，口感嫩嫩的吃起来特别香。直到吃了韩式料理，里面有一道辣白菜炒五花肉让我又见到了老朋友，才算是把五花肉的名字和自己爱的那种肉对上了号。五花肉真是肉中精品，一条瘦肉鲜嫩无比，一道肥肉增加油脂香气，如此几层搭配，油脂不会摄入很多，瘦肉却是可口非常，绝不会有那种柴柴的感觉。孩子不爱吃肉最常见的原因就是不易嚼烂，吃五花肉就不用担心这种问题。所以给孩子做的菜里，想要加肉的话，五花肉是首选。几乎每个孩子都沉迷过红烧肉，特别是用冰糖调味的外婆红烧肉，肉味香甜，汤汁还能拌米饭，总是能让孩子多吃两碗饭，那种感觉就跟腻在外婆怀里，舒服地靠着，听外婆讲牛郎织女的故事一般，心里甜美又坦然，安全且满足，用具体的文字无法形容，只好说说感觉，看着孩子的表情，应如是。我想分享的是用焖烧锅做红烧肉的方法。很多人觉得焖烧锅是电视购物的噱头，我却把焖烧锅的功能开发到了极致。首先在炒锅中加一点点油和葱姜爆香，然后下五花肉，用肥肉渗出的油继续炒，之后盛出锅。在锅中放入冰糖炒出糖色，再加入肉和各种调味料，同时加入适量水，大火烧开，然后把肉和汤汁直接倒入焖烧锅，盖上盖子焖烧40分钟，就大功告成了。其实这个方法就是把最后焖制的步骤改在焖烧锅中进行，但这样既省火又能够腾出火做别的菜，我自觉是有百利而无一害，最重要的是，焖烧锅能保持养分不流失且不会糊锅。据说焖烧锅的低温烹调法现在很多米其林的大厨都在研究，我反正看到了它的无数好处。

直到吃了韩式料理，里面有一道辣白菜炒五花肉让我又见到了老朋友，才算是把五花肉的名字和自己爱的那种肉对上了号。

五花肉的营养

五花肉最大的优点就是肥瘦搭配得当。孩子在长身体的时候，特别需要一种营养——脂肪。当然孩子是否变成胖子首先取决于家长是否懂得营养搭配和控制，不只是思想认识上的懂得与控制，而且要付诸实际行动。现在生活好，肉随便吃，如果家长嘴上不许，实际不管的话，孩子也许容易吃成胖子。但也不能谈脂肪色变，应该通过对肉的选择与搭配获得最佳营养摄入的效果。五花肉就能够弥补脂肪摄入过多的尴尬。让孩子有度地吃五花肉不会导致脂肪摄入过度，也不会让孩子没有脂肪摄入，影响身体成长。

五花肉保存

有个曾经困扰我家的问题，炖了一大锅红烧肉吃不完，放着怕坏，拼命吃怕撑。于是我自己琢磨出来了好方法：把一大锅煮好的肉放凉后，分成小份放入保鲜盒，放在冷冻室保存，下次吃的时候拿一盒出来加热即可，味道并没有特别大的变化。想来这个方法各种大锅做出来的菜肴都适用吧！

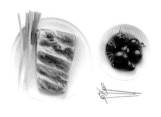

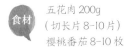

食材 五花肉 200g
（切长片 8-10 片）
樱桃番茄 8-10 枚

辅料 淡味酱油 1 勺（约 15ml）
香葱 2 根切葱花
油 1 勺（约 15ml）
竹签子 10 根

1

2

3

1 五花肉放入冰箱冷冻室冻至稍硬，取出，横着切成薄薄的长片。樱桃番茄去蒂洗净。

2 五花肉片平铺开，把樱桃番茄放在肉片一端，然后卷起来，再用竹签串起来，表面刷上淡味酱油。

3 平底锅刷上油，中火烧热，放入串好的五花肉番茄串，煎至变为焦黄色后，调小火，翻至另一面继续煎，期间可以再刷一遍淡味酱油。

4 出锅前撒上葱花即可。

芸丽这样做

💗 五花肉（又称肋条肉、三层肉）位于猪的腹部，肥瘦相间，故称"五花肉"。这部分的瘦肉也最嫩且最多汁。可以从超市购得成品五花肉片，也可以用培根代替，则省去酱油。

💗 如果担心五花肉片加热不均匀，则可以像韩式烤肉一样在不粘锅中双面煎成焦黄色，再把樱桃番茄裹入肉片中，淋上调味汁。

💗 肉卷的蔬菜还可以换成蒸熟的红薯条、煎熟的胡萝卜条，都有不错的卖相和滋味。

五花肉片卷番茄

漂亮的颜色和造型先声夺人，爱蔬果和无肉不欢的
小朋友都能得到满足呢！

卤肉臊

懒妈妈会卤一锅肉臊保存在冰箱里，随时烹制起来都很方便，
拌米饭、拌面、烩青菜……随便热热或者丢青菜进去就是美味的一餐喽！

食材 五花肉 500g

辅料 盐 1 小撮（约 3g）　绍兴黄酒 2 勺（约 30ml）
酱油 5 勺（约 75ml）　五香粉 2g
冰糖 20g　　　　　　白胡椒粉 2g
姜 2 片　　　　　　　油 1 勺（约 15ml）
八角 3 枚

1　五花肉洗净后切成 0.5cm 左右见方的小丁备用。姜切片。

2　锅烧热，少少地倒点油进去，放入姜片爆香，随后放入肉丁煸炒，煸炒至微微上色后将肉捞出来。

3　锅中放入酱油、八角、绍兴黄酒、冰糖、五香粉、白胡椒粉和适量温水（水量不要过多，以没过五花肉小丁 1-2cm 为宜）。大火翻炒均匀，待烧沸后将炒锅中的五花肉小丁及汤汁一起倒入砂锅中，将砂锅置于灶上，用小火慢慢卤制 2 小时即可。

芸丽这样做

❤ 在制作卤肉汁时还可随意放入数枚剥去外皮的煮鸡蛋，随卤肉汁一起制成肉香醇厚的卤蛋，更是美味。

❤ 亲手切出的小肉丁更有口感，比机器剁碎的有诚意，前提是有一把顺手且锋利的刀。

食材
五花肉 200g
菠萝 1/4 只（约 150g）
绿菜椒 1/2 只（约 100g）

辅料
鸡粉 2g
干淀粉 2 勺（约 10g）
番茄酱 5 勺（约 75g）
白醋 1 勺（约 15ml）
白砂糖 20g
生抽 1 勺（约 15ml）
水淀粉 150ml
盐 1 茶匙（约 5g）

油 500ml（实耗 40ml）
鸡蛋液 2 汤匙
淡盐水 1 盆
（用来浸泡菠萝）

1

2

3

4

1 五花肉洗净，切成大块。加入盐、鸡粉、蛋液抓拌均匀，腌制 5 分钟，然后再加入干淀粉，用手揉搓，使肉粒表面干燥并全部裹满淀粉。

2 菠萝切成和肉块体积相当的方块，放入淡盐水中浸泡。绿菜椒切成菱形片，放入滚水中氽 20 秒，捞出。

3 油倒入锅中，大火烧至五成热（油锅上方有热气但无烟），然后将肉块表面的多余淀粉抖去，放入油中炸至微黄，捞出沥油。

4 再次烧热油锅至九成热（油面上有明显的烟）时将炸过的肉块放入锅中，大火快炸一次，至金黄色捞出沥油。

5 锅中留底油（1 勺，约 15ml）烧热，加入番茄酱、白醋、白砂糖、生抽、水淀粉，大火煮滚，并不时搅动，待酱汁黏稠时，放入炸好的肉块、菠萝块和绿菜椒，翻炒均匀就可以出锅了。

芸丽这样做

♥ 做这道菜可以用五花肉也可以用里脊，可以根据孩子的口味选择。肉炸两次，可以保证口感更外酥里嫩。

♥ 做这道菜的重点在于对酸甜度的把握，要做到酸甜适口，孩子才会喜欢。

菠萝咕咾肉

外焦里嫩的肉块、清香的菠萝和酸甜的口感都是小朋友的最爱！

孩子爱吃的
鳕鱼

我有个奇怪的坚持，就是觉得日本人从小吃鱼是特别特别健康的生活方式，英国人的家常吃食炸鱼薯条炸的也是鳕鱼，让人感觉鳕鱼颇有了一些高大上的贵族气质，于是从儿子刚刚能吃肉泥的时期开始，就几乎隔天给他做一次清蒸鳕鱼块，如此坚持了三年。其实不知道这样到底有没有使孩子变得更聪明或更健康，但是我自己很满意，觉得自己胜利完成了一项颇具挑战性的项目工程。儿子从来没有拒绝过吃鱼，有时候我会想，也许是每次妈妈眼里透出的羡慕和赞赏让他觉得吃鱼是最正确的事情才乐于去做吧。有时妈妈的情绪确实能够影响孩子对整件事的看法，也许你自己都不曾在意的一个眼神，就会令孩子喜欢或厌恶某些事物，联想到自己小时候发生过的某些事，就会觉得心平气和地做好妈妈这个角色真的不容易，也真的很伟大。关于鳕鱼，清蒸的时候我会加一点儿黄酒，曾有朋友一惊一乍地问你怎么给孩子喝酒？其实黄酒只是起到去腥的作用，那酒精在清蒸的过程中就会消散，但是我没告诉她，我给儿子喝糯米酒酿，那是我们娘儿俩的美容法宝。

关于鳕鱼，清蒸的时候我会加一点儿黄酒，曾有朋友一惊一乍地问你怎么给孩子喝酒？其实黄酒只是起到去腥的作用，那酒精在清蒸的过程中就会消散。

鳕鱼的营养

鳕鱼属于冷水鱼类，它的生长速度又是冷水鱼中最快的，鳕鱼的鱼肝就是我们从小熟知的鱼肝油的提取源，而鱼肉中富含的那些高度不饱和脂肪酸、谷氨酸、牛磺酸等都是在奶粉广告里频频出现的名词，与其特意为此去吃那些人工添加的元素，何不直接从鳕鱼肉中摄取呢？鳕鱼的脂肪含量很低，同时人体所必需的维生素A、维生素 D、维生素 E 和其他多种维生素，在鳕鱼肉中的含量也毫不逊色，其他食材可能需要斟酌用量，但在我看来，经常吃鳕鱼对孩子有百利而无一害。

鳕鱼挑选

大概就是因为鳕鱼的好处多多，市场上各种鳕鱼泛滥，银鳕鱼、水鳕鱼、龙鳕鱼、油鱼都打着鳕鱼的旗号招摇撞骗，特别是油鱼，本来商业价值不高，是提炼工业用润滑剂的原料，但是被安上鳕鱼的名号卖高价，孩子吃了会造成蜡脂在身体中沉积，还会造成腹泻及胃肠痉挛，所以一定要特别小心。最简单的区分方法就是鳕鱼属于被限量捕捞物种，所以它的产量很低，价格不可能便宜。在高价的鳕鱼中由于肉眼很难区分，妈妈们则只能认真分辨产地，来自白令海峡周边的俄罗斯或加拿大的鳕鱼大都是真货。如果囿于价格，又想给孩子补充营养，有一种黄线狭鳕，也叫明太鱼，也是很好的选择。它是鳕鱼的近亲，价格便宜，可以选用。

 食材 鳕鱼1片
番茄1个
洋葱半个

 辅料 番茄酱2勺（约30g）
干淀粉20g
盐1小撮（约3g）
白砂糖小撮（约3g）
水100ml
油1勺（约15ml）

1　　　　　　　2　　　　　　　3　　　　　　　4

1 番茄洗净，削去外皮切成小粒。洋葱切成碎末，备用。

2 鳕鱼片常温解冻后用水冲洗干净沥干，用厨房纸吸去多余水分，在表面薄薄地抹上一层干淀粉。

3 取平底锅，倒入油，中火加热至六成热，放鳕鱼，调小火煎至一面金黄定形后，翻过来再把另一面也煎至金黄。捞出放在厨房纸巾上沥油，再摆放在盘中。

4 锅里留少量余油烧热，下入洋葱碎炒香，加入番茄块翻炒均匀，再加入番茄酱，加水煮沸后调中火煮至汤汁浓稠，调入盐和白砂糖拌匀，浇在煎好的鳕鱼上即可。

芸丽这样做

❤ 鳕鱼薄薄地抹一层淀粉再煎，这样更有利于煎上色，同时鳕鱼肉也不容易散。

❤ 最好使用不粘锅来煎，这样能保证煎出外形完整、完美的鳕鱼块。

❤ 这道菜要趁热吃：鳕鱼外焦里嫩，茄汁软糯浓郁。放置时间久会混淆彼此的口感和滋味。

茄汁煎鳕鱼

鳕鱼外焦里嫩，茄汁软糯浓郁，是小朋友最爱的口感和滋味呢！

五彩鳕鱼粒

清新的搭配，多种食材一起入口的滋味更有层次。

食材 鳕鱼1片
玉米粒30g
粗茎芥蓝2棵

辅料 盐1小撮(约3g)
油1勺(约15ml)

1

2   3

1 鳕鱼片常温解冻后清洗干净，沥尽水分，切成小粒。芥蓝去掉叶子，只留茎部，削去外皮，也切成粒状。

2 把切好的鳕鱼粒放入滚水中氽一下，捞出。

3 大火烧热锅中的油，下芥蓝粒翻炒，断生后下鳕鱼粒和玉米粒，加盐调味，翻炒均匀即可出锅。

芸丽这样做

♥ 鳕鱼用水氽一下可以去除腥味，也能让鳕鱼肉更紧致。

♥ 芥蓝也可以用黄瓜代替，增添一丝清新。

♥ 玉米粒就是玉米煮熟后剥粒。可以一次多剥一些，分成小包冷冻，随时取用很方便。

食材　鳕鱼1块
（约300g）

辅料　白味噌200g
白砂糖1勺（约15g）
味淋25ml
醪糟汁25ml

1

2

1　把辅料在碗中充分混合成腌料，将洗净沥干的鳕鱼放入腌料中，移入冰箱冷藏室腌渍1天。

2　取出鳕鱼，擦掉多余的腌料。

3　烤箱提前预热至220摄氏度，鳕鱼放在铺好锡纸或牛油烹调纸的烤盘上，放入烤箱中层上下火烤15分钟。

芸丽这样做

♥ 为了防止烘烤时鱼肉散开，可以在鱼肉中串一根竹签，烤好后再取出来。

♥ 白味噌和味淋是日式调味料，可在网站或日本调味品超市购得。

鳕鱼西京烧

日式的做法，偶尔换换口味和摆盘，
会给孩子一些惊喜呢！

孩子爱吃的
玉米

我总是对孩子说，现在的玉米不好吃，要么太黏要么太甜，妈妈小时候啃的老玉米才叫香。于是郊游的时候遇到的农民，原来的那种老玉米到哪里能买到，人家回答说，买不到，都拿去喂猪当饲料了，哭笑不得之余心下也存了遗憾，其实特别想把这几种玉米摆在一起比较着吃一次，因为我知道人脑是多么擅长改变或美化记忆。没有了对比，玉米还是要吃的，如动画片里唐老鸭那般用打字机打字并回行一样，一排一排啃玉米的行为已经成了我生命中不可改变的习惯。无论自愿也好，被迫也好，接受玉米如今的各种口味也是必然，但超市中卖的大袋包装的冷冻青豆玉米粒我仍旧无法接受，在给孩子做松仁玉米时我还在坚持自己蒸熟玉米然后剥粒。虽然不想因为某种执着让别人感觉自己变老了，但是如果坚持某些习惯，能让我觉得活得更自如更有意义，那么即便被别人说老我也不在乎了。孩子对玉米没有那么执着，他没有吃过我觉得香的那种"猪食"老玉米，对于他，玉米从来就是没有太多嚼头，甜甜的小粒儿，有时可以把玉米粒从嘴里吐出来玩一会儿再放回去嚼，那是属于他的乐趣。唯一让他记得的就是妈妈像是有强迫症一样，在啃玉米时坚决不许他剩一点玉米糁在棒子上，必须完全吃干净，这又是我的一个固执，说不上是不是应该坚持，但是坚持下来了，就变成我家的特色了。

玉米的营养

玉米被我这个妈妈如此重视和珍惜，总是有一定理由的。我小时候家里用玉米糁熬水解暑，跟绿豆汤的效果相似，大汗淋漓时喝上一碗，身心无比舒畅。而玉米面粥因为能够用勺子在粥面上画出图案，然后看着它慢慢消失，一直是我小时候的最爱。妈妈也会在煮粥时贴心地加一点儿小苏打，帮助玉米面中的烟酸充分释放，据说这是一种对人体非常有用的物质，只能从粗粮中摄入，而且还必须得经过小苏打的释放，否则也无法充分吸收。小苏打还能够帮助保留玉米面中的维生素 B_1 和维生素 B_2，而这样的煮玉米面粥是我人生学会做的第一种吃食，于我而言纪念意义重大。

玉米的挑选

听说外国超市里的大妈都学会中国主妇用手掐的方法挑新鲜蔬菜了，我们中国主妇挑选玉米的时候当然应该继续发挥特长。玉米还是在初秋最好吃，用指甲掐一下玉米棒子尖上的小粒，有白浆出来即是合适的，如果浆的颜色淡而且浆汁多就是太嫩，如果没有白浆就是太老，都可以放弃。但是，还是应该替别人着想，用指甲掐的时候，不要掐中间的大粒，只取尖上的即可，否则如果你不要，别人拿去看着多难受。

小时候家里用玉米糁熬水解暑，跟绿豆汤的效果相似，大汗淋漓时喝上一碗，身心无比舒畅。

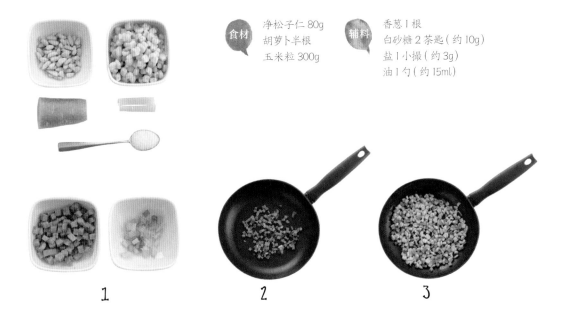

食材 净松子仁 80g
胡萝卜半根
玉米粒 300g

辅料 香葱 1 根
白砂糖 2 茶匙（约 10g）
盐 1 小撮（约 3g）
油 1 勺（约 15ml）

1 胡萝卜削去外皮，切成 0.5cm 见方的小丁。香葱择洗干净，切成葱花。

2 松子仁放入平底锅中，开小火焙香，至表面呈淡金色盛出，平铺在盘中晾凉。

3 大火烧热锅中的油至六成热，放入葱花爆香，加胡萝卜丁，煸炒 1 分钟，然后放玉米粒煸炒，调白砂糖和盐。

4 盖上锅盖稍烹，如果觉得太干可以沿锅边加少量水，装盘后，把焙好的松子仁撒在表层即可。

芸丽这样做

♥ 除了胡萝卜，青椒、黄瓜、豌豆都可以搭配使用，既丰富了颜色，也丰富了营养。

♥ 烘好的松子仁放凉至室温才能呈现出酥香的口感。所以要提前先烘香松子。

松仁玉米

松仁玉米是小朋友通常会喜欢的一道菜，
胜在香香甜甜的味道。

牛奶浸玉米

常给小朋友当下午茶吃的原生态小点心，因为牛奶和
黄油的香甜，会令玉米增添一份浓郁的风趣。

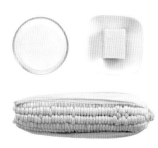

 食材 甜玉米（或水果玉米）1 根

 辅料 无盐黄油 1 块
牛奶 200ml

1

1. 甜玉米棒剥去外皮，去掉玉米须，清洗干净，切成 2cm 厚的小圆柱。黄油切成碎屑。

2. 取一个适用于微波炉的圆盘，将玉米柱摆放在盘中，均匀地淋上牛奶，撒上黄油碎，之后加上容器的盖子。

3. 将盘子放入微波炉，以 900 瓦火力，加热 4 分钟，或者 750 瓦火力，加热 5 分钟即可。

芸丽这样做

❤ 用微波炉烹调玉米，一定要用甜玉米，使用糯玉米是不行的。选购的时候可以用手指甲轻轻掐一下，要挑选那种汁水很多的。也可以用微波炉专用器皿代替圆盘，但一定要记住盖上盖子，否则玉米的汁水易流失。

❤ 要选用全脂鲜牛奶，才更能呈现出玉米的香甜。甚至可以调入一些淡奶油来增添浓郁风味！

食材　玉米粒 400g

辅料　玉米干淀粉 4 勺 (约 60g)
白砂糖 1 勺 (约 15g)
油 1 勺 (约 15ml)

1

2

1　玉米粒中加入玉米干淀粉，抓拌均匀。

2　平底锅中放油，握住锅把儿转动锅，使油均匀地布满锅底，放入拌好的玉米粒，用锅铲摊平，中火煎 3-5 分钟，使玉米粒黏结在一起定形。

3　加入剩余的油，保持中小火继续煎透。

4　出锅后的玉米烙倒在垫有厨房纸巾的盘中吸油，上桌前撒白糖就可以了。

芸丽这样做

♥ 也可以用新鲜的甜玉米煮熟取粒来制作玉米烙。

♥ 最好使用不粘锅来煎制玉米烙：既可充分加热定形，又不会因干淀粉的缘故粘住锅底而糊掉。

玉米烙

浓郁又酥香的玉米烙是玉米的华丽吃法，
可以作为正餐之间的小点心，
为孩子的健康加分。

孩子爱吃的
羊肉

从炖清汤开始，只用清水煮，放一些葱姜，没有其他调料，把新鲜赶紧吃进肚里。

心里总有个带着答案的疑问，从小就喝羊奶、吃羊肉的小朋友是不是身体就是比喝牛奶、吃猪肉的小朋友更壮实？也许我这个是歪理吧，从来未经证实，但我还是从小带孩子去吃西北菜，做得好的羊肉都没有膻味，孩子真是爱吃，于是我开始学习做羊肉。从炖清汤开始，连骨带肉，只用清水煮，放一些葱姜，没有其他调料，把新鲜赶紧吃进肚里。比较容易的是烤羊肉串，把肉切小块腌好放进烤箱，只撒海盐、孜然，效果不错呢！还可以炖羊肉汤，大块白萝卜去膻味的效果蛮好！一条羊腿在我家总能吃上好几顿，孩子没有因为有膻味从此讨厌吃羊肉，也没有因为暴食羊肉而上火，真得感谢老天爷带来的各种便利让笨妈妈心想事成！

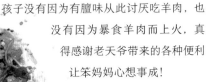

羊肉的营养

　　大家都说吃羊肉上火，其实上火在我看来是特别有营养的一种表现，所有补品吃多了都上火吧？尽管是歪理，但羊肉确实很有补益作用，冬天常吃能够促进血液循环、增加热量、提高身体抵抗力，而且在三伏天的每一伏中找凉爽的一天吃一顿羊肉据说也是冬病夏治的一个方法呢！

羊肉的烹饪

　　烹饪羊肉最重要的就是去膻味和避免煮老。去膻味时可以用姜、大葱、白萝卜，也可以用陈皮、甘草等香料。但是注意，存放时间过长的羊肉膻味是无法去掉的，建议尽快吃完，不要储存太久。

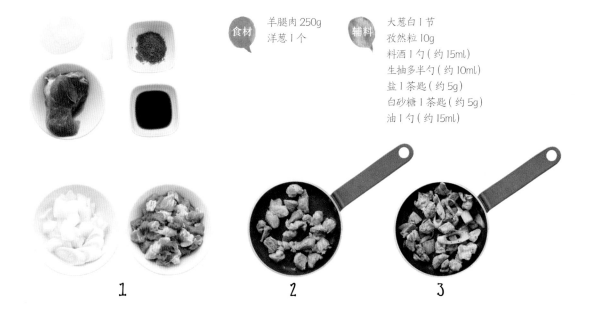

食材 羊腿肉 250g
洋葱 1 个

辅料 大葱白 1 节
孜然粒 10g
料酒 1 勺（约 15ml）
生抽多半勺（约 10ml）
盐 1 茶匙（约 5g）
白砂糖 1 茶匙（约 5g）
油 1 勺（约 15ml）

1

2

3

1 羊腿肉洗干净，切成 1cm 见方的粒。

2 切好的羊肉粒再冲洗一遍，沥干水分，调入生抽、料酒和白砂糖腌制大约 15 分钟。

3 洋葱切成 1cm 宽的方片。大葱白切片。

4 大火烧热锅中的油至七成热，倒入腌制入味的羊肉粒大火爆炒，至表面焦黄，装起备用。

5 锅彻底洗干净，热干水后，倒入孜然粒炒香，炒到可以闻到浓郁的香气时，倒入羊肉，翻炒几下至孜然均匀地裹在羊肉上，再放入洋葱和大葱，翻炒 1 分钟，调入盐炒匀即可出锅食用。

芸丽这样做

♥ 孜然可以多放一些，可以让羊肉更有风味。也可以将现炒好的孜然磨成粉再使用。

♥ 这道菜的快捷做法是用品质好的鲜切羊肉片。先用沸水汆过，再用洋葱和大葱片炒，同样以孜然和盐调味。

♥ 孜然羊肉也与香菜很配，出锅前放少许鲜香菜，可以提亮菜色并增加风味！

孜然炒羊肉

稍大的小朋友会喜欢这道孜然炒羊肉，孜然和羊肉是绝
配，香料弱化了羊肉的腥膻气息，让羊肉的原味更突出。

冬瓜羊肉丸子汤

这是一道适合冬季做给宝宝吃的汤菜，
羊肉温补御寒，冬瓜性寒防止上火，
所以不用担心孩子吃羊肉上火的问题。

 食材　羊腿肉 150g
冬瓜 200g

 辅料　葱末 5g
姜末 5g
香菜 1 根
鸡蛋 1 枚
生抽 1 勺 (约 15ml)
盐 2g
芝麻香油数滴

1

2

3

4

1 羊肉剁成肉糜，加姜末、葱末、鸡蛋、生抽沿一个方向搅打均匀至上劲。

2 冬瓜去皮去籽，切片。香菜切末。

3 汤锅里加入适量水，放入冬瓜煮至半熟，转小火。

4 用汤匙舀起适量肉糜，反复修形制成丸子下入锅中，煮至丸子浮起，去掉溢出的浮沫。

5 待丸子煮熟后，关火，调盐和芝麻香油，撒香菜即可。

芸丽这样做

♥ 做羊肉丸子一定要用带肥膘的羊肉口感才嫩滑，肥瘦比例不能小于 3:7，如果羊肉太瘦的话，可以加点猪肥膘进去一起剁碎。

♥ 如果有高汤来做汤底，味道会更浓郁。

 食材　羊腿肉 300g

 辅料　孜然粉 1 勺（约 15g）
辣椒粉少量
盐 1 茶匙（约 5g）
油 1 勺（约 15ml）

1

2

3

1　将羊腿肉洗净，用厨房纸巾擦干水，切成 2cm 见方的肉丁。

2　在切好的羊腿肉丁中调入盐、辣椒粉、孜然粉和油，混合均匀后腌制 15 分钟。

3　竹签在水中浸泡 30 分钟，擦干水后将羊腿肉小丁依次串在竹签上，并在每根肉串的中间位置串上 1 块羊肥肉小块（每串大约共串 6-7 块肉）。

4　烤箱 180 摄氏度预热，在烤箱中部摆上烤网，底部摆上烤盘（为了更易清洗）。

5　把串好的羊肉串（每次约放入烤箱中大约 6-8 串）整齐地平摊在烤架上，移入烤箱中烤制约 7 分钟。

芸丽这样做

♥ 羊腿肉肥瘦相间，肉质鲜嫩，其中略带筋膜，剔除干净后可与羊里脊肉媲美。因此非常适合用来制作烤羊肉串。在烤架下端放入一个烤盘，可以接住羊肉串在烤制时滴下的油脂，如果烤架下端的烤盘阻隔了热量，可在烤制过程中适时地将羊肉串翻面。

♥ 可根据孩子口味来调整调味料的使用，辣椒可免。

烤羊肉串

儿时最馋的"奢侈品"之一就是街头的烤羊肉串。如今小朋友们也一样，妈妈在家自己串、自己烤，才更放心安全，也独一无二呢！

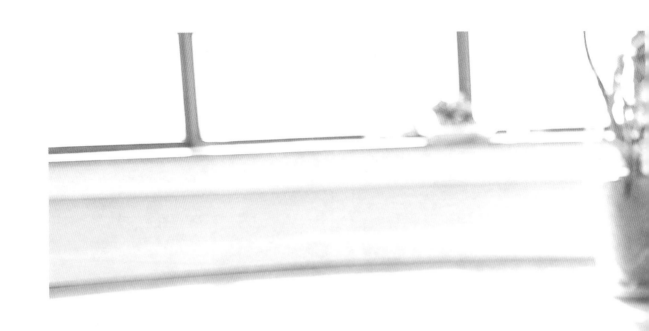

自制零食
和饮料，
不让多余添加剂近身

孩子爱吃的
零食和饮料

鲁迅先生在《朝花夕拾》中回忆儿时写道："我有一时，曾经屡次忆起儿时在故乡所吃的蔬果：菱角、罗汉豆、茭白、香瓜。凡这些，都是极其鲜美可口的；都曾是使我思乡的蛊惑。后来，我在久别之后尝到了，也不过如此；惟独在记忆上，还有旧来的意味留存。他也许要哄骗我一生，使我时时反顾。"作为一个北方孩子，虽然小时候没吃过鲁迅先生笔下的这些吃食，但冬天的糖葫芦、烤地瓜、夏天的老冰棍、冰西瓜，秋天的煮玉米、煮花生，还有一年四季不断的动物饼干、过年时的大白兔奶糖、花生、瓜子，都是留在我记忆中的零食味道，每每回想起来都会让我砸吧嘴回味一下。

如今我有了孩子，他也到了爱吃零食的年纪，该给他选择什么样的零食呢？虽然超市货架上陈列着琳琅满目的零食，可是每次看完配料表后就不敢买给孩子吃了。我想很多妈妈也有和我同样的顾虑。

提到零食和饮料，我周围的妈妈有两种态度，一种是完全排斥，认为零食是不健康的，把孩子吃零食归于不良习惯，一点儿也不给孩子吃；另一种是一味满足孩子的口味，要什么给什么，膨化食品、饼干、蛋糕、糖果，不加筛选。其实两种态度都不利于孩子的健康成长。

实际上，就人们的日常作息而言，三餐之间的间隔是不太合理的。我们大人有时候尚且会因为肚子饿而在正餐之外吃些东西，更何况每餐食量本来就小却喜欢上蹿下跳。

零食吃得正确，可以缓解孩子在正餐之间的饥饿还能作为营养的补充；吃得错误，它可能会导致孩子体重增加、营养不良。所以别看零食小，怎么吃，却是个大问题。

首先，吃零食的时间要恰当，最好安排在两餐之间，不要在餐前半小时至 1 小时吃。睡觉前半小时避免吃零食，否则，不利于消化及睡眠，还会增加患龋齿的可能。其次，零食量要适度，不能影响正餐。另外，要选择新鲜、天然、易消化的零食，多选奶类、果蔬类、坚果类的食物。孩子的肠胃尚在发育，所以要选择易消化的零食，奶类、果蔬类、坚果类食物的营养价值高，最适合孩子。

妈妈们也可以自己动手给孩子制作零食。相对于市售的零食，自己动手做零食可以控制食材的新鲜度和安全性，可以控制糖的用量，可以根据自家孩子的口味和季节变着花样做。妈妈还可以让孩子参与进来和你一起制作，这样不仅激发了他对食物的兴趣，养成好的饮食习惯，还能增进你们之间的感情。

所以，与其禁止孩子吃零食，不如教导他们如何选择好的零食。毕竟，没有零食的童年是不完美的童年，对吗？

> 与其禁止孩子吃零食，不如教导他们如何选择好的零食。
> 毕竟，没有零食的童年是不完美的童年，对吗？

 食材　山楂 500g

 辅料　冰糖 350g

1

2

3

4

5

1 山楂清洗干净，横着从中间一切两半，挖去果核。

2 去核的山楂放入锅中，加入刚好没过果子的水，开大火熬煮，去掉浮沫。

3 待山楂熬煮至快开花时加入冰糖（200g）用勺子搅拌开，继续熬煮10分钟。

4 加入剩余的冰糖（150g），继续熬煮5分钟后关火就可以了。

芸丽这样做

♥ 可以在水中加入一些面粉，然后把山楂放入面粉水中浸泡10分钟，再用流动的水冲洗干净，这样洗山楂又安全又干净。做好的炒红果可以直接吃，也可以拌菜吃，比如拌白菜心，白菜的清香和炒红果的酸甜相得益彰，吃起来特别爽口。

炒红果

以前北方的冬天水果少，除了苹果、梨，就是酸酸的山楂了，
大人们会做炒红果（即山楂）给孩子们解馋，味道酸酸甜甜的，还有消食的功效，
如果小孩子肉吃多了，吃上一小碗炒红果就消食了。

蛋奶华夫饼

我家小朋友对蛋奶华夫饼的喜爱，更多是因为他可以参与其中，享受亲自动手的乐趣。

食材 低筋面粉 200g
鸡蛋 3 个
牛奶 200ml

辅料 白砂糖 40g
黄油 60g
蜂蜜 15g
糖霜 2g
水果块（草莓、树莓、菠萝）适量

1

2

1 鸡蛋在碗中打成蛋液。黄油在室温下软化后加入白砂糖打至松软蓬发。

2 低筋面粉用细筛网过筛，放在一个大碗中。加入蛋液、打发的黄油和牛奶，拌匀成为面糊。

3 华夫饼模具表面刷上一层融化的黄油，用勺子舀入适量的面糊，盖上盖子，中小火加热 7 分钟左右。

4 在加热的时候，要勤翻面，两面都要烤，使得整个饼着色均匀，表面微微焦黄。

5 食用时撒上糖霜，或淋上蜂蜜，或配以水果。

芸丽这样做

♥ 手巧的妈妈们可以变着花样做华夫饼，可以加盐做成咸味的，也可以加抹茶粉做成抹茶口味的，果酱、花生酱也都可以搭配华夫饼食用！

食材
糯米粉 100g
菠菜 50g
南瓜 100g
紫甘蓝 80g

辅料
糖桂花 1 勺（约 15ml）
柠檬汁 1 茶匙（约 5ml）

1

2

1 南瓜放入蒸锅中，大火隔水蒸熟。趁热将南瓜压成泥，与糯米粉（20g）混合，和成红黄色面团。

2 菠菜择洗干净，放入滚水中氽半分钟，捞出，去掉根部，切小段，放入搅拌机中，加入 2 勺水，搅打成稀糊状，和糯米粉（20g）混合，和成绿色面团。

3 紫甘蓝切小块，放入搅拌机中，加入少量水搅打出紫色的汁液，加入柠檬汁，这时会发现紫色的汁液变成粉色了，这时再和糯米粉（30g）混合，和成粉色面团。

4 剩下的糯米粉（30g）加入适量水，和成白色面团。

5 分别将和好的彩色面团搓揉成条状，揪成小剂子，再搓成小圆球。

6 大火烧开锅中的水，放入搓好的五彩糯米圆子，煮至浮起捞入小碗中，再加入一些汤，最后淋入糖桂花就可以了。

芸丽这样做

♥ 在紫甘蓝汁液中加入柠檬汁能让紫色变成粉红色。也可以用紫薯蒸熟和面，制成紫色的小圆子。

多彩小圆子

带着小朋友一起来做多彩小圆子吧，当紫色的甘蓝汁遇到
柠檬汁变成粉红色时，小朋友一定会感到惊喜的。

杧果布丁

香浓的杧果味，绵滑的口感，
用它来代替果冻给小朋友解馋吧！

 食材 杧果 3 个
牛奶 80ml

 辅料 白砂糖 20g
淡奶油 20ml
鱼胶片 2.5g

1

2

3

1 杧果从两边切开，在果肉上横竖划几刀，翻过来就可以轻易地切下果肉了。

2 切好的杧肉放入搅拌机中，倒入牛奶，搅打成泥，倒入容器中，加白砂糖搅匀。

3 鱼胶片泡水软化后加入杧果泥中，再加入淡奶油，小火加热，使白砂糖和鱼胶片全部融化。

4 将混合的杧果牛奶过筛后分装在小容器中，放入冰箱冷藏。

芸丽这样做

♥ 除了杧果，也可以选择其他新鲜水果，比如草莓、香蕉代替杧果，只要吃起来有糯糯口感的水果都可以做布丁。

柠檬水

我不主张给小朋友喝太多加工饮料，
可以根据手边有的食材给孩子做一些新鲜健康的饮料，
比如鲜榨果汁、煲的糖水都是妈妈们的首选。

 食材 柠檬1个

 辅料 冰糖200g
菠萝1小块

1

1 菠萝切成小粒，柠檬榨汁。

2 水烧开注入水罐，放入冰糖，静置，过一会搅拌一下，使冰糖全部融化。

3 待水温变凉后加入柠檬汁和菠萝块，分装在小杯中就可以饮用了。

芸丽这样做

♥ 也可以用蜂蜜代替冰糖，如果放蜂蜜的话要等水变温了再放，太小的孩子不太适宜饮用蜂蜜。

养乐多香蕉奶昔

自制奶昔肯定少了不必要的添加剂，方便也健康。补充足够能量的同时
也带来了人体所需要的水分和养分，更是孩子们的最爱！

 食材　养乐多 2 瓶
香蕉 1 根

1

2

1 香蕉去皮，切成小块。

2 切好的香蕉放入食品料理机中，同时倒入养乐多。

3 启动食品料理机，将香蕉和养乐多搅打成奶昔状即可。

芸丽这样做

♥ 香蕉容易氧化变糊，打好的奶昔要尽快饮用。也可以用杧果代替香蕉，不
过感觉香蕉和养乐多的口感最搭配。

 食材　原味酸奶 1 盒
（约 500g）
新鲜草莓 300g
新鲜树莓 100g

 辅料　鲜奶油 250ml
细白砂糖 1 勺（约 15g）

1 　　　　 2 　　　　 3 　　　　 4

1 鲜奶油与细砂糖混合放入大碗中打发，打发到奶油比较浓稠且表面出现纹路时就可以了。

2 加入原味酸奶、草莓和树莓，搅拌均匀，倒入一个深一点儿的方盘中。

3 将方盘移入冰箱冷冻室，冷冻至半凝固状态后取出，用勺子将草莓和树莓捣成小块并拌匀，然后再次放入冰箱冷冻，使之进一步凝固。

4 待酸奶全部冻实后就可以取出食用了。

芸丽这样做

♥ 其中用到的树莓和草莓也可以换成自家小朋友喜欢的水果，比如杧果、蜜瓜等。

♥ 糖的分量也可以根据自家小朋友的口味增减。

莓果酸奶冻

有冰激凌般细腻的口感，还有真材实料的莓果，
作为家制的甜品，绝不逊色于市售的冰激凌！

冰糖雪莲子

认识皂角米是在云南的市集上，向当地人讨教后才知道是皂荚的果实，有清肝明目的作用。买回家做给小朋友吃，没想到小朋友很喜欢它Q弹的口感。

 食材　皂角米（即雪莲子）
1小把（约20g）
木瓜1块（约200g）

 辅料　枸杞10粒
黄晶冰糖1块（约20g）

1

2

1 皂角米加水浸泡 3-4 个小时，至泡发成饱满的半透明状。木瓜去掉果皮和籽，切成小块。

2 皂角米、木瓜块、枸杞、冰糖放入炖盅内，加入纯净水。

3 盖上炖盅的盖子，将炖盅移入蒸锅，大火隔水蒸 30-40 分钟。

芸丽这样做

♥ 皂角米经过烹煮后呈胶质半透明状，香糯润口。蒸好后的冰糖雪莲子既可以温热时饮用，也可以放入冰箱略冰后饮用。

♥ 皂角米分单荚和双荚，单荚产区主要是云南梁河，双荚产区主要是贵州毕节。双荚皂角米颗粒相对饱满，颜色呈天然淡黄色，煮后口感更软糯、有嚼劲、汤更黏稠。单荚皂角米大部分都是云南梁河野生的，粒薄如指甲，颜色稍白，口感更爽滑、味道更浓。

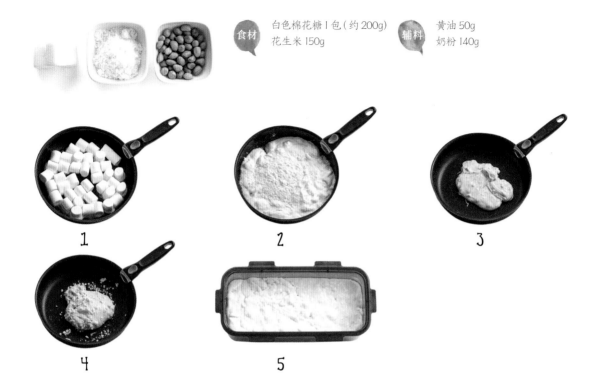

食材 白色棉花糖1包（约200g）
花生米150g

辅料 黄油50g
奶粉140g

1 花生米洗净晾干，平铺在烤盘中，放进烤箱，以180摄氏度烘烤10分钟，取出晾凉。

2 烤熟的花生米轻轻地搓去红衣，去掉红衣的好处是吃起来口感香，而且花生不会掉出来，然后切碎。

3 不粘锅内放入黄油，开中小火，黄油熔化后，加入棉花糖，棉花糖渐渐熔化，用木勺翻拌至拉丝。

4 倒入奶粉，继续翻拌均匀。

5 关火，倒入花生碎，翻拌均匀。

6 把混合好的汤糊倒入一个方盒内，稍冷却后将凝固的整块糖取出切块即可。

芸丽这样做

♥ 不要等牛轧糖完全凝固变硬再切，那样就不好分割了，要在牛轧糖还有一点软度的时候就分割成小块。

牛轧糖

牛轧糖是很多人童年的美味，和孩子一起动手制作更是别有一番乐趣，还可以将制作好的糖果送给大小朋友，让孩子感受分享的乐趣！

孩子的营养
应该注意什么

顾中一 知名营养师

很荣幸接受《孩子爱吃的妈妈菜》的约稿，作为一名曾经在医院工作的临床营养师，很惋惜的一件事，便是常常遇到孩子生了病、出了问题，家长才带着来到医院，而这些问题中有一些完全是可以避免的。家长也好、孩子也罢，有时是偏信了一些流言，有时是低估了某些不良行为的风险，日积月累下造成了严重的后果，一旦到了这个阶段单靠营养手段已经积重难返，家长后悔也没有用了。所以我今天就来跟大家提个醒，强调 3 个健康习惯以及 9 种食物选择的要点。

家长应学会绘制生长曲线

如果孩子生长测量值偏离正常的范围或者快速波动又或者生长线完全平坦，应及时就医。就我的经验来看，很多家长常常忽略了主食的重要性，光想着有营养的肉啊、鱼虾啊乃至各种口服液，殊不知能量不足造成营养不良、发育迟缓才是大忌，务必警惕进食过少，应保证正常的饭量，避免盲目节食，尤其是家长应该帮助孩子树立以健康为美的价值观。当然过胖也应引起警惕，因为对于成人有效的诸如节食、手术等手段均不适用于生长发育阶段的儿童，所以儿童肥胖的核心是预防。

各类饮食一定要均衡，多样化

人类并不是单纯的素食或者肉食动物，很多时候食谱越复杂，身体越健康，因为食物多样也就意味着各种营养成分摄取全面，就不容易出现某一种营养成分的缺乏，而且天然食物比起各种补充剂副作用小，也更加安全。除了户外活动少的孩子可能需要补充维生素 D，否则饮食均衡的孩子不需要任何的补充剂或者保健食品。

注意不要养成追着喂饭、强迫吃饭的习惯

早餐应保证有粮食、蛋白质和蔬菜。平时注意细嚼慢咽，如果有考试或者处于其他高压力学习阶段，应重点保证优质蛋白质的摄入。

下面再来谈谈如何选择食物

牛奶牛奶是补充钙质的方便来源，富含优质蛋白质。一般建议每天至少饮用

200-300ml 的牛奶。一岁以上的孩子就可以饮用普通全脂纯牛奶了，不一定要喝配方奶，如果有喝奶后腹泻、便秘等情况，应警惕是否过敏或者乳糖不耐受。

每天一个鸡蛋 鸡蛋可谓是非常家常的食材，煮鸡蛋、茶鸡蛋、炒鸡蛋均可，不同的烹调方法无非是可能造成一定的营养损失，但只要孩子吃着开心，整体还是非常有利的，哪怕是令很多人担惊受怕的胆固醇，对于孩子来说也是生长发育所必需的。

每天都吃大豆制品 除了生黄豆显然不安全外，其他的豆制品如，豆浆、豆腐、豆干都是优质蛋白质的良好来源，大家也不要被各种转基因的流言所吓倒，目前尚无任何已上市的转基因食品对人体健康有危害的证据。

每天几块肉 红肉富含铁，对于血红蛋白的合成很有帮助，贫血的孩子不要依赖红枣而应多吃瘦肉。正常饮食的孩子也不需要吃蛋白粉。

选深色蔬菜 维生素 C 摄入不足的现象还是比较普遍的，维生素 C 可以帮助许多蛋白质的合成以及部分矿物质的吸收，对于生长发育很有帮助。蔬菜中的膳食纤维还有助于预防便秘（此外保证饮水、多运动也有帮助），蔬菜的烹调最好通过急火快炒的方式。

带个水果去上学 注意买回来的水果要经过流水揉搓，吃之前最好削皮。选择两餐之间或者运动后食用为佳。

多吃一些全谷粗粮 比如玉米、燕麦都是常见的全谷类食物，可以避免血糖快速升高。

白水、白水、还是白水 儿童时期正是饮食习惯建立的重要阶段。从营养角度来说，没有必要吃糖，而且要警惕各种讨喜加工食品中添加剂导致的口味改变。饮料，特别是可乐等汽水甜饮料、果汁饮料、乳饮料、咖啡、茶等，这些对于生长发育阶段的孩子来说都十分不利。即便是牛奶或者 100% 纯果汁，前者每天也不应超过 750ml，后者不应超过 200ml。

零食 有必要重点讲讲，首先是吃零食的时机，一般应注意不要离正餐太近，同时避免玩耍时吃，以免不知不觉中吃太多甚至卡在气道中。适合每天食用的零食有乳制品、水果、烤红薯、玉米、水煮蛋、烤黄豆、巴旦木、芝麻糊等。至于鱼片、牛肉干、火腿肠、豆腐干、黑巧克力、怪味豆、葡萄糖、冰激凌、饼干这些虽然也有一定的营养，但往往也会对健康有一定的负作用，不建议常吃，每周一次足矣。街边无证商贩的食品则务必戒掉。